项目 1

掌握 Photoshop 基础知识

学习目标

◆ 掌握 Photoshop 个性化设置的方法，能够体验 Photoshop 的功能。
◆ 掌握 Photoshop 的基础操作，能够完成新建文档、打开文档、保存文档等操作。

项目介绍

    Photoshop 是 Adobe 公司旗下最为知名的图像处理软件之一，它被广泛应用于后期处理、平面设计、网页设计以及 UI 设计等领域。本项目将站在初学者的角度，通过体验 Photoshop 和了解 Photoshop 基础操作两个任务，带领读者深入了解 Photoshop，为全书的学习奠定基础。

PPT:项目 1　掌握 Photoshop
基础知识

教学设计:项目 1　掌握 Photoshop
基础知识

任务 1-1 体验 Photoshop

在进入正式学习之前,本任务先对 Photoshop 基本知识进行简单介绍,并带领读者完成 Photoshop 的初步体验。旨在让读者对 Photoshop 有一个初步的认识和体验。通过本任务的学习,读者能够了解计算机的相关知识,熟悉 Photoshop 的工作界面,并掌握 Photoshop 个性化设置的方法。

实操微课 1-1:
任务 1-1 体验
Photoshop

■ 任务目标

知识目标	• 了解位图和矢量图,能够描述位图和矢量图的区别 • 了解像素的概念,能够描述什么是像素 • 了解分辨率的概念,能够描述分辨率与像素的关系,以及显示分辨率和图像分辨率的区别 • 了解常用的文档格式,能够描述各类格式的特点 • 了解图像的颜色,能够分别描述三原色、颜色属性、颜色模式的分类 • 了解 Photoshop 的应用领域,能够举例说明 Photoshop 的应用领域 • 熟悉 Photoshop 的工作界面,能够描述界面中每个区域的功能
技能目标	• 掌握 Photoshop 个性化设置的方法,能够设置显示工具、工作区以及文档单位

■ 任务分析

本任务重点是让读者自定义软件,能够完成 Photoshop 个性化设置。可以按照以下要求完成本任务。

1. 将工具栏中以下工具隐藏至"编辑工具栏"中。

(1)"透视裁剪工具"

(2)"3D 材质吸管工具"

(3)"标尺工具"

(4)"计数工具"

(5)"3D 材质拖放工具"

2. 设置工作区为"绘画"。

3. 设置文档的单位为"厘米"。

■ 知识储备

1. 位图和矢量图

计算机图像包含位图和矢量图两种。Photoshop 虽然是处理位图的软件,但也包含了一些处理矢量图的功能。以下分别介绍位图和矢量图。

(1)位图

位图也被称为"点阵图",它是由许多"点"组成的,这些"点"被称为像素

理论微课 1-1:
位图和矢量图

（关于像素的概念，将在下一个知识点进行讲解）。许多不同颜色的像素组合在一起后，便构成了一副完整的图像。

位图的优点和缺点如下。

① 优点：可以记录每一个像素的数据信息，能够表现丰富的颜色变化和细腻的色彩过渡。

② 缺点：当放大到一定程度时，位图会失真。所谓失真，可以简单将它理解为图像变得模糊。

以图 1-1 的位图为例，将其放大至 600% 后，局部效果如图 1-2 所示。

图 1-1　位图

图 1-2　位图的局部效果

通过图 1-2 可以看出，位图被放大到一定程度后，图像会变得模糊。

（2）矢量图

矢量图也被称为"向量式图形"，是采用数学的矢量方式记录图像内容，以线条和色块为主。

矢量图的优点和缺点如下。

① 优点：无论如何放大，矢量图都不会失真。

② 缺点：无法表现丰富的颜色变化和细腻的色彩过渡。

以图 1-3 的矢量图为例，将其放大至 600% 后，局部效果如图 1-4 所示。

图 1-3　矢量图示例

图 1-4　矢量图局部效果

通过图 1-4 可以看到，放大后的矢量图边缘依然光滑、清晰。

2. 像素

像素（Pixel）的全称为图像元素，英文缩写为 px，是用来计算位图的一种单位。若把位图放大数倍，会发现位图其实是由许多颜色相近的"点"所组成，这些"点"就是构成位图的最小单位，即像素。像素示例如图 1-5 所示。

3. 分辨率

分辨率决定了位图的细腻程度。通常情况下，分辨率可以

理论微课 1-2：　理论微课 1-3：
　像素　　　　　分辨率

分为显示分辨率和图像分辨率两类。

（1）显示分辨率

显示分辨率体现的是屏幕图像的精密度，是指屏幕所能显示的像素有多少。因为屏幕中的图像都是由像素组成的，所以在相同的屏幕中，显示的像素越多，图像就越细腻。由此可见，显示分辨率是显示设备非常重要的性能指标之一。

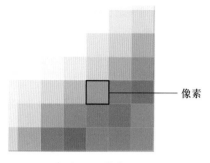

图 1-5　像素示例

例如，iPhone 13 的显示分辨率为 2532 像素 ×1170 像素，即 iPhone 13 的屏幕是由 2532 行和 1170 列的像素排列组成的。iPhone 11 的显示分辨率为 1792 像素 ×828 像素，即 iPhone 11 的屏幕是由 1792 行和 828 列的像素排列组成的。在相同屏幕尺寸中，如果像素越多，那么图像就越细腻；如果像素越少，那么图像就越粗糙。如图 1-6 所示为 iPhone 13 和 iPhone 11 的显示分辨率对比示例图。

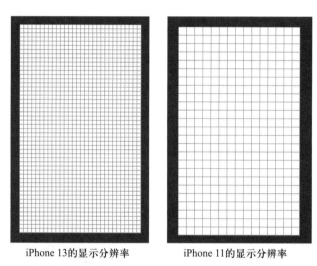

iPhone 13的显示分辨率　　　iPhone 11的显示分辨率

图 1-6　iPhone 13 和 iPhone 11 的显示分辨率对比示例图

（2）图像分辨率

图像分辨率是指图像中存储的信息量，即每英寸图像内包含的像素量，单位为像素／英寸。图像分辨率通常被应用在 Photoshop 中，用于定义图像的清晰度。图像分辨率越高，图像越清晰，但是图像分辨率过高会导致图像过大。因此，在软件中设置图像分辨率时，需要考虑图像的用途。通常情况下，制作电子屏幕中的图像时，可以将图像分辨率设置为 72 像素／英寸；制作彩色印刷的图像时，可以将图像分辨率设置为 300 像素／英寸。实际设计时，读者可以根据不同的需求，自行设置图像分辨率。在 Photoshop 中，默认的图像分辨率是 72 像素／英寸。

4. 常用的文档格式

常用的文档格式有很多种，不同的文档格式有各自的优缺点。Photoshop 支持 20 多种文档格式，以下介绍几种较为常用的文档格式。

（1）PSD 格式

PSD 格式是 Photoshop 专用的默认格式，扩展名为 .psd。PSD 格式可以保存图像中的图层、通道、辅助线和路径等信息，修改起来较为方便。

理论微课 1-4：
常用的文档格式

（2）JPEG 格式

JPEG 格式不支持透明，扩展名为 .jpg 或 .jpeg。JPEG 格式最大的特点是可以进行高倍率的压缩，因而在注重文件大小的领域应用广泛。例如，网页中的横幅广告（banner）、商品图片、较大的插图等，都可以使用 JPEG 格式。

（3）GIF 格式

GIF 格式最大的特点是支持动画，扩展名为 .gif。GIF 格式的文档通常不会占用太多的磁盘空间，非常适合网络传输。

（4）PNG 格式

PNG 格式最大的特点是支持透明，扩展名为 .png。当想保存背景为透明的图像时如图标等，都可以使用 PNG 格式进行保存。

（5）TIFF 格式

TIFF 格式也可以保存图像的图层、通道、辅助线和路径等信息，扩展名为 .tif 或 .tiff。TIFF 格式与 PSD 格式的区别是：TIFF 格式的图像体积比 PSD 格式的图像体积略大，但 TIFF 格式比 PSD 格式的图像兼容性好，大多数软件都支持该格式。

5. 图像的颜色

在使用 Photoshop 绘制或处理图像时，不可避免地需要接触颜色。在日常生活中，人们对颜色是非常敏感的，通常在一幅图像中，最先吸引人们注意力的就是图像中的颜色。因此，了解颜色是非常重要的，下面将带领读者了解图像的颜色，包括三原色、颜色属性、颜色模式。

理论微课 1-5：
图像的颜色

（1）三原色

三原色是指色彩中不能再分解的 3 种基本颜色。根据不同的应用领域，通常将三原色分为色光三原色和印刷三原色两类。

① 色光三原色：通常被应用于电视机、手机、运动手表等电子产品中，是指红色（R）、绿色（G）和蓝色（B）。色光三原色示例如图 1-7 所示。

② 印刷三原色：通常被应用于印刷品中，是指青色（C）、洋红色（M）和黄色（Y），但是由于打印油墨中或多或少地会存在杂质，导致这 3 种颜色的混合实际上只混合出一种灰色，并不能混合出纯粹的黑色。正因如此，在彩色印刷中，除了使用的印刷三原色外，还要增加黑色（K）油墨，才能印出纯粹的黑色。印刷三原色示例如图 1-8 所示。

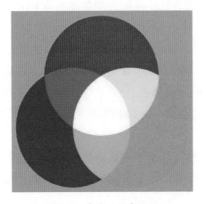

图 1-7　色光三原色示例

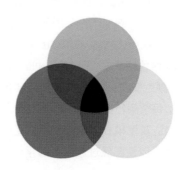

图 1-8　印刷三原色示例

（2）颜色属性

颜色属性指的是色相、饱和度和明度,任何一种颜色均具备这 3 种属性。

① 色相:颜色的首要特征,是区别各种颜色的标准。在不同波长的光的照射下,人眼会感觉到不同的颜色,如红色、橙色、黄色等。将颜色的外在表现特征称为色相。色相示例如图 1-9 所示。

图 1-9　色相示例

② 饱和度:也被称为"纯度",是指颜色的鲜艳度。饱和度越高,颜色越鲜艳。饱和度越低,颜色越暗淡。饱和度降到最低就会失去色相,变为无彩色(黑、白、灰),饱和度的变化示例如图 1-10 所示。

图 1-10　饱和度的变化示例

在如图 1-10 所示的饱和度变化示例中,最左侧的红色饱和度高,最右侧的红色饱和度低,已经失去色相,变成了灰色。

③ 明度:指的是颜色明暗的程度,所有颜色都有不同程度的明暗。图 1-11 展示的是明度变化示例。

图 1-11　明度变化示例

在如图 1-11 所示的明度变化示例中,最左侧的红色明度高,最右侧的红色明度低。在无彩色中,明度最高的为白色,明度最低的为黑色。需要注意的是,明度的变化往往会影响到饱和度。例如,当红色加入白色后,明度提高,饱和度却会降低。

（3）颜色模式

图像的颜色模式决定了显示和打印图像颜色的方式。常用的颜色模式有 RGB 颜色模式、CMYK 颜色模式、灰度模式、位图模式、索引颜色模式等。

① RGB 颜色模式:在电子产品图像中所使用的颜色模式,是 Photoshop 中默认使用的颜色模式,也是最常用的一种颜色模式。在 RGB 颜色模式中,包括红、绿、蓝 3 种颜色,每个颜色的取值均为 0~255。在 RGB 颜色模式中,可以使用 Photoshop 中的所有选项。

② CMYK 颜色模式:是一种印刷时所使用的颜色模式。在 CMYK 颜色模式中,包括青色、洋红色、黄色和黑色,每个颜色的取值均为 0~100%。

③ 灰度模式:灰度模式的图像是黑白图像,它使用 256 种无彩色的颜色值表示图像中的像素,这 256 种无彩色可以使图像过渡得更加平滑。在灰度模式下,只能调整图像的明度,不能调整图像的色相和饱和度。

④ 位图模式：位图模式的图像也是黑白图像，它用黑、白两种颜色值表示图像中的像素。位图模式与灰度模式的图像不同，在位图模式下，图像中只有白色和黑色两种颜色。

如果需要将一幅彩色图像（RGB 颜色、CMYK 颜色等模式的图像）转换为位图模式的黑白颜色图像，必须先将其转换为灰度模式，然后才能转换为位图模式。灰度模式的图像和位图模式的图像对比示例如图 1-12 所示。

灰度模式的图像　　　　位图模式的图像

图 1-12　灰度模式的图像和位图模式的图像对比示例

⑤ 索引颜色模式：索引颜色模式的图像中含有一个颜色表。将彩色图像转换为索引颜色的图像后，Photoshop 会构建一个颜色表来存放索引图像中的颜色，但最多不超过 256 种。如果原图像中的某种颜色没有出现在颜色表中，则系统将选取颜色表中与该颜色最接近的一种颜色，模拟该颜色。在索引颜色模式下，只能进行有限的编辑，若要进一步编辑，可以临时将索引颜色模式转换为 RGB 颜色模式。

6. Photoshop 的应用领域

Photoshop 被广泛应用于广告设计、标志设计、网页设计、照片处理等领域。

（1）广告设计

Photoshop 在广告设计领域中的运用非常广泛。通过 Photoshop，可以制作多种类型的广告。例如，促销传单、宣传海报等，使用 Photoshop 制作的广告如图 1-13 和图 1-14 所示。

理论微课 1-6：
Photoshop 的
应用领域

图 1-13　使用 Photoshop 制作的广告 1　　　图 1-14　使用 Photoshop 制作的广告 2

（2）标志（Logo）设计

标志（Logo）是指具有象征意义的图形符号。通过 Photoshop，可以快速地制作出不同风格的 Logo，图 1-15 展示的是百度的 Logo。

（3）网页设计

网页设计是企业为了传递信息（包括产品、服务、理念、文化）而进行的页面设计美化工作。在网页设计领域中，通过 Photoshop，可以制作不同类型的网站，如食品类网站、服饰类网站等。图 1-16 展示的是某服饰类网站首页截图。

图 1-15   百度的 Logo

（4）照片处理

照片处理是指对拍摄的照片进行修饰。Photoshop 提供的调整选项和修饰工具，在照片处理领域中发挥着重要的作用，通过这些选项和修饰工具，可以快速调整照片的效果。例如，为人像美白、磨皮；为风景去雾、替换天空、调色等。图 1-17 展示的是风景调整前后对比示例。

图 1-16   某服饰类网站首页截图

调整前   调整后

图 1-17   风景调整前后对比示例

7. Photoshop 的工作界面

如果要熟练操作 Photoshop，需要先熟悉 Photoshop 的工作界面中各个功能模块的作用。下面以 Photoshop 2021 为例（后文均简称 Photoshop），详细讲解 Photoshop 的工作界面构成。

理论微课 1-7：
Photoshop 的
工作界面

Photoshop 安装完成后，单击任务栏中的启动图标，即可启动 Photoshop。首先展示的是 Photoshop 的主页，如图 1-18 所示。

在 Photoshop 主页中，可以新建文档、打开文档。在新建文档或打开文档后，会进入 Photoshop 的工作界面。若不是第一次使用 Photoshop，主页内会显示最近使用项，如图 1-19 所示。

若最近使用项中的文档没有被删除，那么单击该项中的一个文档缩略图，会打开对应的文档。此时，也会进入 Photoshop 的工作界面。Photoshop 的工作界面如图 1-20 所示。

如图 1-20 所示的 Photoshop 的工作界面包括菜单栏、选项栏、工具栏、面板区域、文档窗口 5 个模块。

（1）菜单栏

菜单栏包含了"文件""编辑""图像""图层""文字""选择""滤镜""3D""视图""扩展""窗

图 1-18 Photoshop 的主页

图 1-19 最近使用项

口""帮助"11 个选项。这 11 个选项中包含 Photoshop 的大部分命令。菜单栏如图 1-21 所示。

如图 1-21 所示菜单栏中各个选项的说明如下。

① "文件":包含各种操作文档的选项。

② "编辑":包含各种编辑文档的选项。

③ "图像":包含各种改变图像的大小、颜色的选项。

④ "图层":包含各种编辑图层的选项。

⑤ "文字":包含各种编辑文字的选项。

菜单栏
选项栏
工具栏
面板
区域
文档
窗口

图 1-20　Photoshop 的工作界面

文件(F) 编辑(E) 图像(I) 图层(L) 文字(Y) 选择(S) 滤镜(T) 3D(D) 视图(V) 窗口(W) 帮助(H)

图 1-21　菜单栏

⑥ "选择"：包含各种编辑选区的选项。

⑦ "滤镜"：包含各种滤镜选项。

⑧ "3D"：包含各种与 3D 相关的选项。

⑨ "视图"：包含各种设置视图的选项。

⑩ "窗口"：包含各种窗口选项。

⑪ "帮助"：包含各种帮助信息。

在如图 1-21 所示的菜单栏中，单击每个选项，都会展开对应的选项列表。当选择带有▶标记的选项时，会展开对应的子选项列表。例如，选择"图层"→"新建"选项，会打开"新建"选项的子选项列表，如图 1-22 所示。

观察图 1-22 会发现，一些选项右侧显示"Shift+Ctrl+N""Ctrl+J"等字母符号的组合，这些字母是选项的快捷键，若选项右侧有快捷键，那么按键盘上对应的快捷键可以快速选择该选项。例如，按 Shift+Ctrl+N 快捷键，可快速选择"图层"→"新建"→"图层"选项。

图 1-22　"新建"选项的子选项列表

有些选项后存在"(G)""(L)"等字母，这些字母也属于选项的快捷键，但若要通过快捷方式选择选项，需要以下几步。

① 按 Alt 键，选中菜单栏。

② 按菜单栏中选项后的字母，选择选项，展开选项列表。

③ 按选项列表中选项后的字母，选择选项。

若选项包含一些子选项，那么继续按子选项列表中选项后的字母，选择子选项即可。例如，依次

按 Alt→L→N→G 键可选择"图层"→"新建"→"组"选项。

有些选项后会存在"…"符号,该符号表示选择该选项时会打开一个对话框,例如,选择"图层"→"新建"→"组"选项时,会打开"新建组"对话框,如图 1-23 所示。

图 1-23　"新建组"对话框 1

（2）工具栏

工具栏将 Photoshop 中的大多数功能以图标的形式聚集在一起。工具栏包括"移动工具""套索工具""裁剪工具"等一系列工具。工具栏如图 1-24 所示。

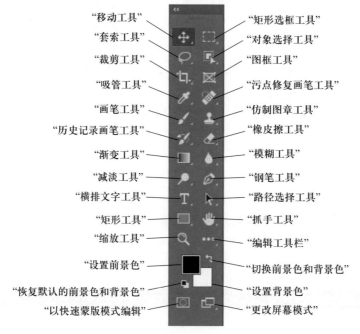

图 1-24　工具栏

将鼠标指针悬停在工具图标上,会显示工具名称、快捷键和使用方法的动画示例,例如,将鼠标指针悬停在"移动工具"图标上,动画示例如图 1-25 所示。

单击工具图标时,可选中工具。在工具栏中,多数工具图标的右下角都有小三角符号█,这说明在该工具中包含了一些隐藏工具。若想选择隐藏工具,可以右击工具图标,此时,会显示工具列表,在工具列表中,单击工具即可选择对应的隐藏工具。例如,右击"钢笔工具"图标█,会弹出"钢笔工具"列表,如图 1-26 所示。

在如图 1-26 所示的"钢笔工具"列表中,单击其中一个工具,即可选择工具。

默认情况下,工具栏停放在窗口左侧。可以移动工具栏、隐藏工具栏和折叠工具栏,具体操作如下。

图 1-25　移动工具的动画示例

图 1-26　"钢笔工具"列表

① 移动工具栏:将鼠标指针放在工具栏顶部,单击并向右拖曳鼠标,可以将工具栏拖出,放在工作界面的任意位置。若想恢复工具栏的位置,可以再次单击并向左拖曳鼠标,当左侧出现蓝色渐变条时,释放鼠标,即可恢复工具栏的位置。

② 隐藏工具栏:在 Photoshop 中,工具栏是默认显示的。若想隐藏工具栏,则需要选择"窗口"→"工具"选项,此时,工具栏被隐藏,再次选择该选项,会显示工具栏。

③ 折叠工具栏:单击工具栏左上角的 ▶▶ 按钮,会将工具栏折叠显示,折叠后的工具栏如图 1-27 所示。

由图 1-27 可知,折叠后的工具栏变成了两列。若想将工具栏默认单列显示,单击工具栏左上角的 ◀◀ ,即可使工具栏单列显示。

（3）选项栏

选项栏是工具栏中各个工具的功能扩展,当选择了某个工具时,选项栏就会显示与该工具对应的选项,在选项栏中可以设置工具的选项。

例如,当选择"矩形选框工具" 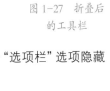 时,选项栏如图 1-28 所示。

与工具栏相同,选项栏的位置也可以进行移动,也可以通过选择"窗口"→"选项栏"选项隐藏或显示选项栏。

图 1-27　折叠后的工具栏

图 1-28　选项栏

（4）面板区域

面板区域是 Photoshop 处理图像时不可或缺的一个部分,用于存放 Photoshop 中的面板,例如,"字符"面板、"图层"面板等。关于各面板的具体功能以及使用方法,将在后面章节逐一进行讲解,以下介绍面板的基本操作,包括选择面板、移动面板、折叠或展开面板、打开面板菜单、关闭 / 调出面板。

① 选择面板:面板通常以选项卡的形式成组出现。在面板组中,单击一个面板的名称,即可显示该面板。例如,单击面板组中的"色板"时,会显示"色板"面板,如图 1-29 所示。

② 移动面板:将鼠标指针放置在面板组上方的空白处,按

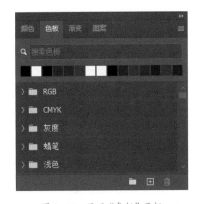

图 1-29　显示"色板"面板

住鼠标左键向外拖曳,可移动面板组中所有面板的位置。若想单独移动某个面板的位置,需要将鼠标指针放置在面板的名称上,按住鼠标左键向外拖曳,拖曳至文档窗口的空白处,可将面板从面板组中分离出来,分离面板示例如图 1-30 所示。

将面板分离出来后,面板就会成为一个独立的浮动面板,拖曳浮动面板的名称,可将面板放置在窗口中的任意位置。独立的浮动面板示例如图 1-31 所示。

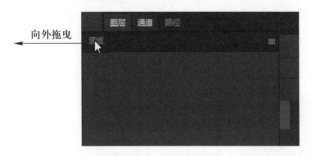 

图 1-30　分离面板示例　　　　　　图 1-31　独立的浮动面板示例

③ 折叠或展开面板:单击面板右上角的 ◀◀ 按钮,可以将面板进行折叠,折叠前后的面板对比示例如图 1-32 所示。

面板被折叠后,再次单击面板右上角的 ▶▶ 按钮可以展开该面板。

④ 打开面板菜单:面板菜单中包含了与当前面板有关的各种选项,可以在面板菜单中进行一些操作。例如,单击"历史记录"面板右上角的 ▤ 按钮,可以打开"历史记录"的面板菜单,在面板菜单中包含了针对该面板的一些操作。例如,"前进一步""后退一步"等。"历史记录"面板菜单如图 1-33 所示。

⑤ 关闭 / 调出面板:若暂时不需要某个面板,可以将其暂时关闭。关闭面板的方法如下。

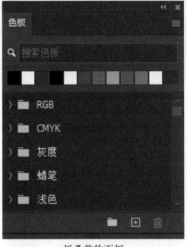

折叠前的面板　　　　　折叠后的面板

图 1-32　折叠前后的面板对比示例

● 当面板为浮动面板时,单击面板右上角的 ✖ 按钮关闭该面板。

● 若面板不是浮动面板,可以右击面板的名称,在弹出的菜单中选择"关闭"选项,关闭该面板。弹出的菜单如图 1-34 所示。

● 若想关闭面板组中的所有面板,则可以选择如图 1-34 所示的"关闭选项卡组"选项,关闭面板组中的所有面板。

面板被关闭后,选择菜单栏中的"窗口"选项,在弹出的"窗口"选项列表中,选择对应的面板选项,可以调出面板。"窗口"选项列表如图 1-35 所示。

(5)文档窗口

文档窗口用于显示当前正在处理的文档。默认情况下,文档窗口无任何内容,是一个深灰色的不可见区域,在文档窗口中不能进行任何操作。当在 Photoshop 中打开一个图像,Photoshop 会自动创建一个画布,文档的信息会以选项卡的形式出现。

图 1-33 "历史记录"面板菜单

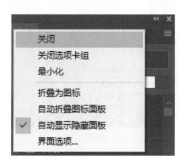

图 1-34 弹出的菜单　　　　　　　　　　图 1-35 "窗口"选项列表

文档窗口由文档信息、画布和不可见区域 3 部分组成。文档窗口的组成结构如图 1-36 所示。对文档信息、画布以及不可见区域的描述如下。

① 文档信息：包含了文档名称、文档格式、文档显示的百分比以及颜色模式等信息。

② 画布：用于显示文档中的图像内容。

③ 不可见区域：默认情况下，不可见区域内的图像不可见。

在文档窗口中，可以选择当前处理文档、调整文档窗口大小、排列文档窗口，具体介绍如下。

① 选择当前处理文档：单击文档的名称，可以选择该文档，选择文档后，可以对该文档进行处理。选择文档示例如图 1-37 所示。

通过单击文档的名称，可以设置指定文档为当前处理文档。按 Ctrl+Tab 快捷键，可以按照前后顺序选择文档；按 Shift+Ctrl+Tab 快捷键，可以按照相反的顺序选择文档。

图 1-36　文档窗口的组成结构

文档
信息

画布

不可见
区域

图 1-37　选择文档示例

　　② 调整文档窗口大小：单击选项卡中某个文档的名称，按住鼠标左键拖曳可将文档从选项卡中拖出，此时，文档窗口便成为可以任意移动位置的浮动窗口，拖曳浮动窗口的一角，可以调整窗口的大小。调整文档窗口大小示例如图 1-38 所示。

　　③ 排列文档窗口：选择"窗口"→"排列"选项，会弹出"排列"的子选项列表，如图 1-39 所示。

　　在如图 1-39 所示的"排列"的子选项列表中，可以选择文档窗口的排列方式，如"全部垂直拼贴""全部水平拼贴"等。Photoshop 默认的排列方式为"将所有内容合并到选项卡中"。设置文档窗口排列方式为"双联水平"示例如图 1-40 所示。

图 1-38　调整文档窗口大小示例

图 1-39　"排列"的子选项
列表

图 1-40　设置文档窗口排列方式为"双联水平"示例

8. Photoshop 的个性化设置

使用 Photoshop 时，为了让操作更加顺手，可以根据自己的需求，对 Photoshop 进行个性化设置，包括自定义工具的显示状态、自定义屏幕模式、自定义工作区、自定义单位、自定义快捷键、关闭主页。

理论微课 1-8：
Photoshop 的
个性化设置

（1）自定义工具的显示状态

在实际应用中，Photoshop 的工具繁多，可以将常用工具显示，不常用工具隐藏，即自定义工具的显示状态。

右击工具栏中的"编辑工具栏"图标 ，会弹出"编辑工具栏"选项，如图 1-41 所示。

图 1-41　"编辑工具栏"选项

选择"编辑工具栏"选项，打开"自定义工具栏"对话框，如图 1-42 所示。

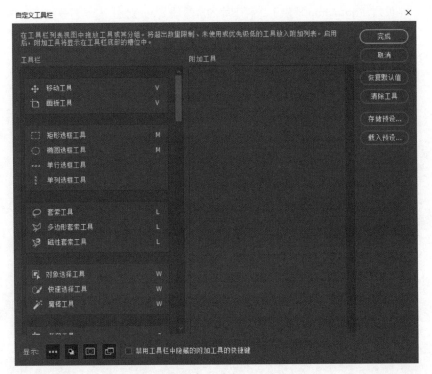

图 1-42 "自定义工具栏"对话框

在如图 1-42 所示的"自定义工具栏"对话框中,工具栏区域用于存放显示的工具,附加工具区域用于显示隐藏的工具。在"自定义工具栏"对话框中,可以自定义工具的显示状态,接下来对自定义工具的显示状态的方法进行介绍。

① 隐藏个别工具:单击并向右拖曳工具栏区域中的某个工具,当鼠标指针移动至附加工具区域中,释放鼠标,单击"完成"按钮后,即可将该工具隐藏在"编辑工具栏"列表中。"编辑工具栏"列表示例如图 1-43 所示。

② 隐藏全部工具:单击"自定义工具栏"对话框中的"清除工具"按钮,可以将工具栏区域内的工具全部移动到附加工具区域中。

③ 恢复默认工具显示:单击"自定义工具栏"对话框中的"恢复默认值"按钮,可将工具栏中的工具恢复至默认的显示状态。

(2)自定义屏幕模式

当熟练掌握 Photoshop 后,可以将各个模块隐藏,最大化显示画布。右击工具栏中的"更改屏幕模式"图标,可弹出屏幕模式列表,如图 1-44 所示。

图 1-43 "编辑工具栏"
列表示例

图 1-44 屏幕模式列表

由图 1-44 可知,Photoshop 提供了 3 种不同的屏幕模式,分别是"标准屏幕模式""带有菜单栏的全屏模式"和"全屏模式"。

①"标准屏幕模式":是 Photoshop 默认的屏幕模式,在该模式下,可显示菜单栏、工具栏、选项栏、文档信息、滚动条以及其他面板,如图 1-45 所示。

图 1-45 "标准屏幕模式"

②"带有菜单栏的全屏模式":在该模式下,显示菜单栏、选项栏、工具栏以及其他面板,如图 1-46 所示。

图 1-46 "带有菜单栏的全屏模式"

③"全屏模式"：在该模式下，只显示画布及不可见区域，工作界面中的菜单栏、工具栏、选项栏等全部被隐藏，如图 1-47 所示。

在切换屏幕模式时，按 F 键可快速切换屏幕模式；按 Tab 键可以隐藏 / 显示一些面板。在"全屏模式"下，按 Esc 键可以恢复至"标准屏幕模式"。

（3）自定义工作区

在 Photoshop 的工作界面中，菜单栏、选项栏、文档窗口、工具栏和面板的排列方式被称为工作区。Photoshop 提供了多个工作区，不同工作区所显示的面板也不同。选择"窗口"→"工作区"选项，会弹出如图 1-48 所示的工作区列表。

图 1-47 "全屏模式"　　　　图 1-48 工作区列表

Photoshop 包括"基本功能（默认）""3D""图形和 Web""动感""绘画"和"摄影"6 个工作区，其中"基本功能（默认）"是 Photoshop 默认的工作区，大多数 Photoshop 的初学者可以直接使用该工作区。如果需要更改工作区，则可选择工作区列表中的选项，即可完成工作区的更改。

在工作区列表中，还可以复位基本功能、新建工作区、删除工作区以及锁定工作区。

（4）自定义单位

在 Photoshop 中可以自定义图像的单位，如厘米、毫米、像素等。图 1-49 展示的是以厘米为单位的图像。

选择"编辑"→"首选项"→"单位与标尺"选项，打开"首选项"对话框，在对话框中选择指定的单位，单击"确定"按钮即可完成单位的设置，"首选项"对话框如图 1-50 所示。

（5）自定义快捷键

快捷键是为了提高操作效率定义的快捷方式，读者可以根据使用习惯自定义快捷键，从而提升操作效率。

图 1-49 以厘米为单位的图像

选择"编辑"→"键盘快捷键"选项（或按 Alt+Shift+Ctrl+K 快捷键），会打开"键盘快捷键和菜单"对话框，如图 1-51 所示。

在如图 1-51 所示的"键盘快捷键和菜单"对话框中，包括一些功能、按钮及用于设置快捷键的区域，接下来介绍这些功能、按钮和设置区域。

①"快捷键用于"：用于设置需要更改快捷键的选项所处的区域。

②"接受"：单击该按钮后，表示确认更改快捷键。

③"还原"：单击该按钮后，可将快捷键还原至上一个快捷键。

④"使用默认值"：单击该按钮，可将更改后的快捷键还原至默认状态。

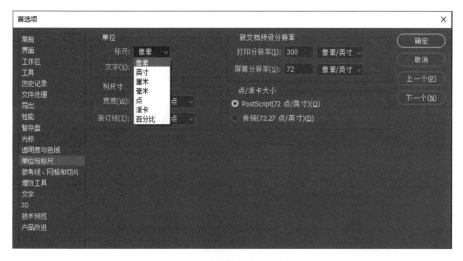

图 1-50 "首选项"对话框

图 1-51 "键盘快捷键和菜单"对话框

⑤ "使用旧版还原快捷键":选中该复选框,可快速将"还原""重做"和"切换最终状态"快捷键替换为旧版快捷键(Photoshop CC 2019 之前版本的快捷键)。

⑥ 设置区域:用于设置选项的快捷键。在设置区域设置快捷键的流程如下。

a. 单击选项名称前方的 ❭ 图标展开选项中的子选项。

b. 单击子选项的快捷键,使快捷键处于编辑状态。

c. 在键盘上按对应的快捷键,即可更改选项的快捷键。

自定义快捷键后,重启 Photoshop,方可使用自定义的快捷键。

(6)关闭主页

在默认情况下,Photoshop 启动后会显示主页,若想跳过主页直接进入工作界面,则可选择"编辑"→"首选项"→"常规"选项,打开"首选项"对话框,如图 1-52 所示。

在如图 1-52 所示的"首选项"对话框中取消选中"自动显示主屏幕"复选框,重启 Photoshop 后,会跳过主页,直接进入 Photoshop 的工作界面。

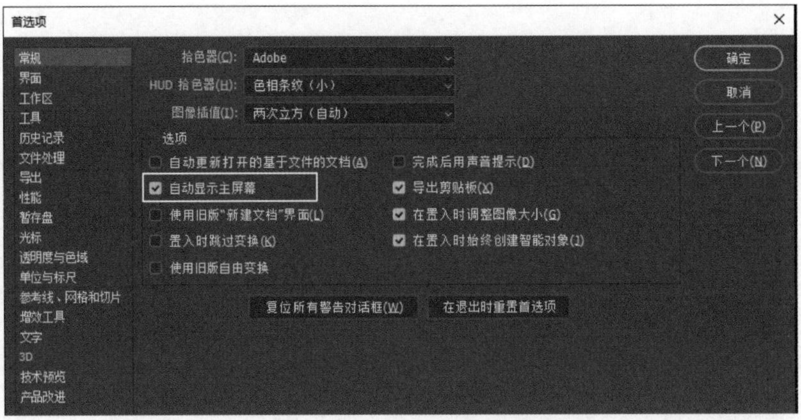

图 1-52　"首选项"对话框

■ 任务实现

根据任务分析思路,【任务 1-1】体验 Photoshop 的具体实现步骤如下。

Step01:启动 Photoshop,右击工具栏中"编辑工具栏"图标 **⋯**,打开"自定义工具栏"对话框。

Step02:向下拖曳"工具栏"区域的滚动条,找到"透视裁剪工具",单击并向右拖曳,当鼠标指针经过"附加工具"区域时,释放鼠标。

Step03:按照 Step02 的方法,将"3D 材质吸管工具""标尺工具""注释工具""计数工具"和"3D 材质拖放工具"拖曳至"附加工具"区域,"附加工具"区域如图 1-53 所示。

Step04:选择"窗口"→"工作区"→"绘画"选项,"绘画"工作区如图 1-54 所示。

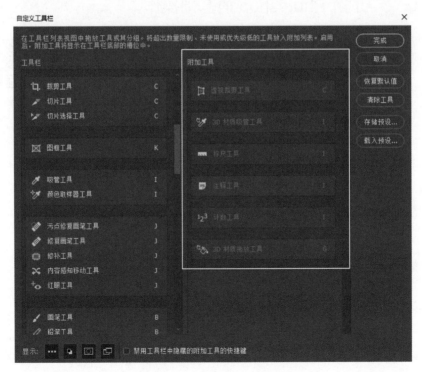

图 1-53　"附加工具"区域

图 1-54 "绘画"工作区

Step05：选择"编辑"→"首选项"→"单位与标尺"选项，打开"首选项"对话框。

Step06：设置"标尺"单位为"厘米"，如图 1-55 所示。

至此，Photoshop 个性化设置完成。

图 1-55 设置单位示例

任务 1-2　了解 Photoshop 的基础操作

体验了 Photoshop 后，需要熟悉软件的基础操作。本任务将详细讲解 Photoshop 的基础操作，具体包括新建文档、打开文档、保存文档、设置文档大小、设置画板和撤销操作。通过本任务的学习，读者能够掌握 Photoshop 的基础操作，为后续深入使用 Photoshop 打下坚实的基础。

实操微课 1-2：任务 1-2　了解 Photoshop 的基础操作

■ 任务目标

技能目标	● 掌握打开文档的方法，能够使用不同方法打开文档
	● 掌握新建文档的方法，能够新建不同大小的文档
	● 掌握保存文档的方法，能够将文档保存成不同格式
	● 掌握设置文档大小的方法，能够设置图像大小和画布大小
	● 掌握撤销操作的方法，能够撤销操作过程中的任意步骤

■ 任务分析

本任务重点是让读者学会 Photoshop 的基础操作，能够完成新建文档、打开文档、保存文档和设置文档等操作。可以按照以下思路完成本任务。

1. 新建一个 60 厘米 ×80 厘米的画布。

2. 置入文档。

3. 保存文档。

■ 知识储备

1. 打开文档

若要在 Photoshop 中编辑文档,需要先使用 Photoshop 打开文档。打开文档的方法有多种,包括命令法、拖曳法和双击法。

（1）命令法

选择"文件"→"打开"选项（或按 Ctrl+O 快捷键）,会打开"打开"对话框,如图 1-56 所示。

理论微课 1-9:
打开文档

图 1-56　"打开"对话框

在如图 1-56 所示的"打开"对话框中,选择一个文档,单击"打开"按钮,即可打开文档。如果要同时打开多个文档,可以按住 Ctrl 键单击想要打开的文档,或进行框选,然后单击"打开"按钮,即可打开多个文档。

（2）拖曳法

使用拖曳法打开文档时,有以下几种方式。

① 如果 Photoshop 中不存在其他文档,将文档拖曳至 Photoshop 中,软件会打开文档。

② 如果 Photoshop 中存在其他文档,将文档拖曳至文档信息所在的选项卡上,可打开文档;将文档拖曳到 Photoshop 的文档窗口中,可置入文档。

③ 将文档拖曳至 Photoshop 的启动图标上,当启动图标变为选中状态时,释放鼠标可打开文档。

（3）双击法

若文档为 PSD 格式的文档,双击文档即可直接用 Photoshop 打开该文档。

2. 新建文档

在 Photoshop 中,不仅可以编辑已有的图像,还可以新建一个空白文档,在空白文档上进行设计、绘制。

选择"文件"→"新建"选项(或按 Ctrl+N 快捷键),打开"新建文档"对话框,如图 1-57 所示。

理论微课 1-10:
新建文档

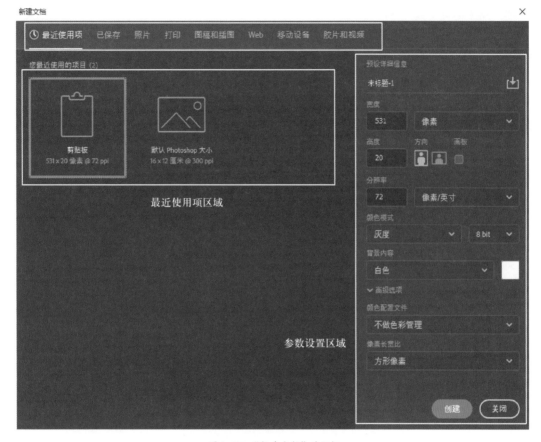

图 1-57　"新建文档"对话框

在如图 1-57 所示的"新建文档"对话框中,共包含文档预设、最近使用项和参数设置 3 个区域。

① 文档预设区域:提供了多种文档的预设选项。例如,照片、打印、图稿和插图等,可以根据需要进行选择。

② 最近使用项区域:包含了历史空白文档,可以通过单击某个文档,快速新建与历史空白文档等大的空白文档。

③ 参数设置区域:提供了多个用于设置画布的选项,如"预设详细信息""宽度""高度""分辨率"等,对这些选项的说明如下。

● "预设详细信息":用于设置文档的名称,新建文档后,文档的名称会显示在文档窗口中。保存文档时,文档名会自动显示在存储文档的对话框内。

● "宽度"和"高度":用于设置文档的大小,在对应的输入框中输入数值即可。另外,还可以在"宽度"的右侧设置文档的显示单位,如"像素""英寸""厘米"等。

● "分辨率":用于设置文档的分辨率和分辨率的单位,如"像素 / 英寸""像素 / 厘米"等。通常情况下,使用"像素 / 英寸"这一单位。

● "颜色模式":用于设置文档的颜色模式,如"位图""灰度""RGB 颜色""CMYK 颜色"等。

● "背景内容":用于设置文档的背景颜色,如"白色""黑色""背景色""透明"等。

3. 保存文档

对文档进行编辑之后,应及时对文档进行保存,Photoshop 提供了几个用于保存文档的选项。

（1）"存储"选项

在 Photoshop 中,选择"文件"→"存储"选项（或按 Ctrl+S 快捷键）,文档会按照原始名称,以软件默认的格式进行存储。如果是第一次存储,会打开"另存为"对话框,如图 1-58 所示。

理论微课 1-11：
保存文档

图 1-58 "另存为"对话框

在如图 1-58 所示的"另存为"对话框中,为文档指定存储位置、设置文档名称和格式等,单击"确定"按钮即可完成文档的存储。

（2）"存储为"选项

若想将文档存储为新名称或其他格式,可以选择"文件"→"存储为"选项（或按 Shift+ Ctrl+S 快捷键）,此时会打开"另存为"对话框（同图 1-58 ）。在"另存为"对话框中可以设置文档的名称、文档的格式等参数,单击"保存"按钮即可完成存储。

（3）"存储为 Web 所用格式"选项

将文档存储为 Web 所用格式可以减小文档的体积,选择"文件"→"导出"→"存储为 Web 所用格式（旧版）"选项（或按 Alt+Shift+Ctrl+S 快捷键）,打开"存储为 Web 所用格式"对话框,如图 1-59 所示。

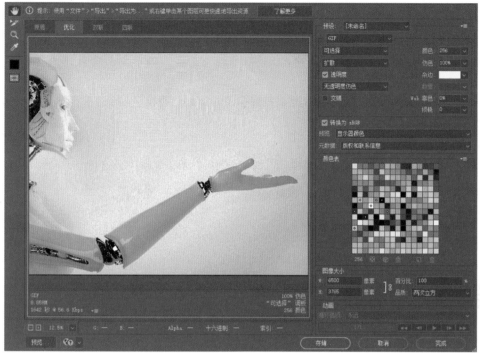

图 1-59 "存储为 Web 所用格式"对话框

在如图 1-59 所示的"存储为 Web 所用格式"对话框中,可以设置文档格式,如"GIF""JPEG""PNG-8""PNG-24"和"WBMP",格式选项如图 1-60 所示。

当设置的文档格式为"GIF""PNG-8"和"PNG-24"时,选中"存储为 Web 所用格式"对话框中的"透明度"复选框,可以将文档中的透明信息进行存储。

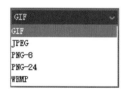

图 1-60 格式选项

4. 设置文档大小

根据文档的用途不同,对文档大小的要求也不同。可以根据实际情况对文档大小进行设置。设置文档大小包括修改图像尺寸和修改画布尺寸,以下进行详细介绍。

理论微课 1-12:
设置文档大小

（1）修改图像尺寸

通常情况下,图像尺寸越大,所占用的磁盘空间越大。选择"图像"→"图像大小"选项(或按 Alt+Ctrl+I 快捷键),打开"图像大小"对话框,如图 1-61 所示。

在如图 1-61 所示的"图像大小"对话框中,能够调整图像的宽度、高度和分辨率。在修改图像尺寸时,画布的尺寸也会随之改变。

（2）修改画布尺寸

修改画布尺寸能够更改画布的大小。选择"图像"→"画布大小"选项(或按 Alt+Ctrl+C 快捷键),打开"画布大小"对话框,如图 1-62 所示。

在如图 1-62 所示的"画布大小"对话框中,修改"宽度"和"高度"等数值,更改整个画布的大小,单击"确定"按钮完成画布的修改。调整画布大小的前后分别如图 1-63 和图 1-64 所示。

图 1-61 "图像大小"对话框 图 1-62 "画布大小"对话框

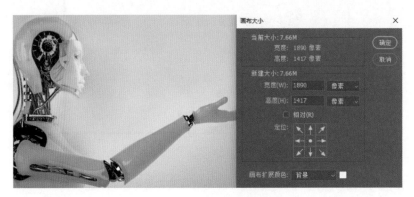

图 1-63 调整画布大小前

图 1-64 调整画布大小后

需要注意的是,若在"画布大小"对话框中选中"相对"复选框,那么"宽度"和"高度"选项中的数值不再是整个画布的大小,而是实际增加或减少的大小。

另外,使用"裁剪工具" 能够对画布的尺寸直接进行修剪。选择"裁剪工具"(或按 C 键),画布的四周会出现裁剪框,裁剪框示例如图 1-65 所示。

将鼠标指针放在裁剪框的四周,当鼠标指针变成 样式时,按住鼠标左键向内拖曳,可缩小画布;向外拖曳可增大画布,增大的区域会被填充为背景色。缩小画布和增大画布的对比示例分别如图 1-66 和图 1-67 所示。

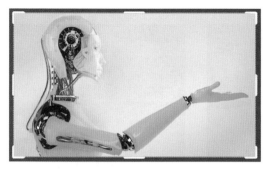
图 1-65　裁剪框示例

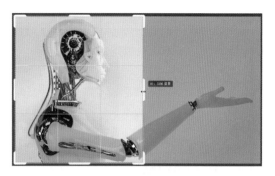
图 1-66　缩小画布

图 1-67　增大画布

除了直接使用"裁剪工具"拖曳裁剪框外,还可以在"裁剪工具"选项栏中设置裁剪的相关参数,图 1-68 展示的是"裁剪工具"选项栏。

图 1-68　"裁剪工具"选项栏

在如图 1-68 所示的"裁剪工具"选项栏中,包括裁剪方式、拉直、网格等选项,对这些选项的说明如下。

① 裁剪方式:包括"比例""宽 × 高 × 分辨率""原始比例""1∶1 (方形)"等选项,可以自行定义裁剪的宽度、高度或比例。

② 拉直:用于拉直图像并自动对其进行裁剪,常用于校正倾斜的图像。

③ 网格:用于选择裁剪参考线的样式和叠加方式。

④ 删除裁剪的像素:用于设置是否删除裁剪掉的部分。选中该复选框时,系统会删除裁剪掉的部分;不选中该复选框时,系统会将裁剪掉的部分保留并隐藏,可以随时还原。

⑤ 内容识别:选中该复选框后,系统能够根据图像中的像素对空白的区域进行智能填充,选中"内容识别"复选框前后裁剪示例对比如图 1-69 所示。

5. 撤销操作

在绘制和编辑图像的过程中,经常会出现操作失误或对创作效果不满意的情况,这时可以使用一系列撤销操作。在 Photoshop 的菜单栏中选择"编辑"选项,会弹出下拉菜单,在下拉菜单中包含"还原""重做"和"切换最终状态"撤销操作选项,如图 1-70 所示。

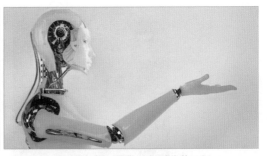

选中"内容识别"复选框前裁剪示例　　　　　　　选中"内容识别"复选框后裁剪示例

图 1-69　选中"内容识别"复选框前后裁剪示例对比

对文档进行操作后,"还原"和"重做"后会显示上一步操作的步骤名称。例如,更改了图像大小,"还原"选项会显示为"还原图像大小"。

图 1-70　撤销操作选项

以下介绍还原、重做和切换最终状态选项。

(1)"还原"

选择"编辑"→"还原"选项(或按 Ctrl+Z 快捷键),可将操作还原至上一步,多次选择该选项可还原多步操作。

(2)"重做"

选择"编辑"→"重做"选项(或按 Shift+Ctrl+Z 快捷键),可以撤销还原操作,多次选择该选项可撤销多个还原操作。

理论微课 1-13:
撤销操作

(3)"切换最终状态"

选择"编辑"→"切换最终状态"选项(或按 Alt+Ctrl+Z 快捷键),既可以还原,又可以撤销还原,但只能针对最后一步进行操作。

值得一提的是,在 Photoshop 中还可以通过"历史记录"面板,将图像撤销到操作过程中的任意步骤。选择"窗口"→"历史记录"选项,会弹出"历史记录"面板,如图 1-71 所示。

在如图 1-71 所示的"历史记录"面板中可以看到一系列历史操作,单击选择"历史记录"面板中任一步操作,图像即可恢复到该操作时的状态。

"历史记录"面板的下方有 3 个按钮,分别是"从当前状态创建新文档" 、"创建新快照" 和"删除当前状态" ,对它们的具体解释如下。

图 1-71　"历史记录"面板

①"从当前状态创建新文档"按钮:单击该按钮,系统会创建新文档,并将当前的图像状态复制到新的文档中作为源图像,从当前状态创建新文档如图 1-72 所示。

②"创建新快照"按钮:单击该按钮,系统会复制当前的图像状态作为快照。单击快照即可快速恢复到快照中的图像状态,创建新快照如图 1-73 所示。

③"删除当前状态"按钮:单击该按钮,可删除选中步骤和后面一系列步骤。

图 1-72　从当前状态创建新文档　　　　　图 1-73　创建新快照

■ 任务实现

根据任务分析思路,【任务 1-2】了解 Photoshop 基础操作的具体实现步骤如下。

Step01:启动 Photoshop,选择"文件"→"新建"选项(或按 Ctrl+N 快捷键)打开"新建文档"对话框,在"新建文档"对话框中设置"预设详细信息"为"故宫展板"、"宽度"为 600 毫米、"高度"为 800 毫米、"分辨率"为 300 像素 / 英寸。"新建文档"对话框如图 1-74 所示。

Step02:单击如图 1-74 所示中的"创建"按钮,完成文档的创建。

Step03:将素材"故宫展板.jpg"拖曳至画布上,置入文档,置入文档示例如图 1-75 所示。

Step04:按 Enter 键完成置入。

图 1-74　新建文档"故宫展板"　　　　　图 1-75　置入文档示例

Step05:选择"文件"→"存储"选项,打开"另存为"对话框,将文档保存至指定文件夹。"另存为"对话框如图 1-76 所示。

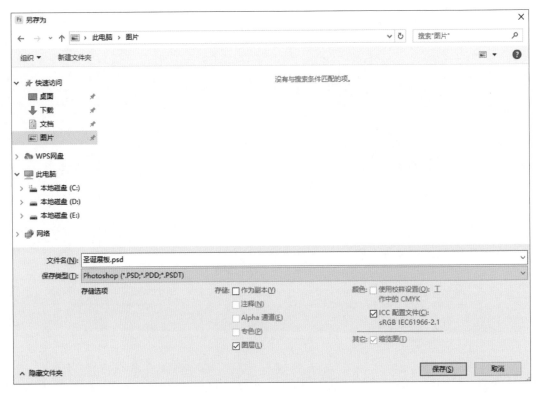

图 1-76 "另存为"对话框

至此,Photoshop 基础操作完成。

项目总结

项目 1 包括两个任务,其中【任务 1-1】的目的是让读者对 Photoshop 有一个初步的认识。完成此任务,读者能够简单了解 Photoshop,并完成 Photoshop 个性化设置。【任务 1-2】的目的是让读者掌握 Photoshop 的一些基础操作。完成此任务,读者可以在 Photoshop 中新建文档、置入文档、保存文档。

同步训练:扩展画布

学习完前面的内容,接下来请根据要求完成作业。

要求:请结合前面所学知识,根据提供的素材,制作如图 1-77 所示的效果。

图 1-77 扩展画布效果

项目 2

利用图层和选区绘制位图图像

学习目标

◆ 掌握图层的基础操作，能够通过图层的基本操作完成果蔬自行车的制作。

◆ 掌握选区工具的使用方法，能够运用选区工具完成几何海报的制作。

◆ 掌握选区的进阶操作，通过这些操作能够完成水晶球的制作。

项目介绍

　　在 Photoshop 中，图层和选区是最基础的功能之一，经常被用于图像的制作。那么为什么要应用图层？又该如何应用选区？本项目将通过制作果蔬自行车、几何海报和水晶球 3 个任务详细讲解图层和选区的相关知识。

PPT:项目 2　利用图层和选区
绘制位图图像

教学设计:项目 2　利用图层和
选区绘制位图图像

任务 2-1   制作果蔬自行车

在 Photoshop 中,通过调整图层的位
置、大小和角度,能够拼出多种多样的图
像。本任务将制作一辆果蔬自行车,通过
本任务的学习,读者能够掌握图层的基础
操作。果蔬自行车效果如图 2-1 所示。

实操微课 2-1:
任务 2-1   果蔬
自行车

图 2-1   果蔬自行车效果

任务目标

知识目标	● 了解图层,能够复述图层的概念和分类 ● 熟悉"图层"面板,能够总结"图层"面板中不同功能按钮的作用
技能目标	● 掌握图层的基本操作,能够完成创建普通图层、选择图层、删除图层等操作 ● 掌握图层的基础变换,能够完成对图层的缩放、旋转等操作 ● 掌握图层的高级变换,能够完成对图层的斜切、扭曲等操作 ● 掌握"移动工具"的使用方法,能够移动图层

任务分析

任务中包含多个素材,在制作时,可以按照以下思路完成果蔬自行车的制作。

1. 新建文档。

2. 将素材置入 Photoshop。

3. 调整素材大小、角度和位置,拼成自行车。

知识储备

1. 认识图层

图层就像一张张透明的纸张,在这些透明的纸张中存放不同元素后,将其组
合在一起时,便组成了一幅完整的图像。在 Photoshop 中,一幅图像通常是由多
个图层组成。如图 2-2 所示为多个图层组成的一幅图像。

理论微课 2-1:
认识图层

使用图层的最大好处是,在处理某一个图层时,不会影响其他图层。例如,
可以随意移动图 2-2 中的"花"图层,而其他图层不会被移动。

仔细观察图 2-2,能够看出各个图层的图层缩览图显示状态不同。例如"Flowers"图层的图层
缩览图显示状态为 ，"花"图层的图层缩览图显示状态为 。在 Photoshop 中,可以创建多种类型
的图层,常见的图层类型包括背景图层、普通图层、文字图层和形状图层。不同类型的图层,其显示
状态和功能各不相同。

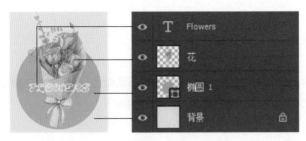

图 2-2 多个图层组成的一幅图像

（1）背景图层

当创建一个非透明文档时，系统会自动生成背景图层。默认情况下，背景图层位于所有图层之下，为锁定状态。在 Photoshop 中，不能调整背景图层的顺序，也不能为背景图层设置图层样式及混合模式等。双击背景图层，可将背景图层转换为普通图层。

（2）普通图层

普通图层是用于存放位图的图层，可以通过创建普通图层的方式获取普通图层。在普通图层中，可以进行任何操作。

（3）文字图层

文字图层是用于存放文字的图层，在 Photoshop 中，文字以矢量的方式存在，通过文字工具可以创建文字图层。在 Photoshop 中，文字图层的图层缩览图显示状态为 ⊤。

（4）形状图层

形状图层是用于存放形状的图层，通过形状工具和钢笔工具可以创建形状图层，在 Photoshop 中，形状图层的图层缩览图显示状态为 ▣。

2."图层"面板

"图层"面板用于存放图层、图层组、图层效果，以及一系列选项和按钮。"图层"面板如图 2-3 所示。

如图 2-3 所示的"图层"面板中包含"图层类型""图层混合模式"等选项，以及"链接图层""添加图层样式"等按钮，以下介绍常用选项和按钮。

理论微课 2-2：
"图层"面板

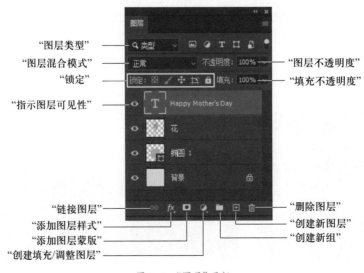

图 2-3 "图层"面板

（1）"图层类型"：用于筛选图层。

（2）"图层混合模式"：用于设置图层间的混合方式，默认为"正常"模式。

（3）"图层不透明度"：用于设置当前图层的不透明度（范围为 0~100%）。

（4）"填充不透明度"：用于设置当前图层填充的不透明度（范围为 0~100%），该选项与图层不透明度类似，但填充不透明度不会影响图层样式的不透明度。

（5）"锁定"：其中有各种锁定按钮，用于锁定图层。

（6）"指示图层可见性" 👁 ：用于显示或隐藏图层。

（7）"链接图层" 🔗 ：用于链接图层。

（8）"添加图层样式" 𝑓𝑥 ：用于为选中的图层或图层组添加图层样式。

（9）"添加图层蒙版" ◉ ：用于为选中的图层或图层组添加图层蒙版。

（10）"创建填充 / 调整图层" ◓ ：可以在不影响原图层的前提下，创建填充或调整图层。

（11）"创建新组" ▭ ：用于创建图层组。

（12）"创建新图层" ⊞ ：用于创建普通图层。

（13）"删除图层" 🗑 ：用于删除选中的图层或图层组。

3. 图层的基本操作

在 Photoshop 中处理图像时，都是围绕图层进行处理的。那么在正式使用图层前，需要学习图层的一些基本操作，图层的基本操作包括创建普通图层、选择图层、删除图层、锁定图层、显示与隐藏图层、复制图层、重命名图层和设置图层不透明度。以下介绍图层的基本操作。

理论微课 2–3：
图层的基本操作

（1）创建普通图层

通常情况下，创建普通图层的方法有 3 种，具体如下。

① 单击"图层"面板下方的"创建新图层"按钮 ⊞ ，可创建一个普通图层，创建普通图层示例如图 2-4 所示。

② 选择"图层"→"新建"→"图层"选项（或按 Shift+Ctrl+N 快捷键），打开"新建图层"对话框，在对话框中设置图层的名称、颜色、模式等参数后，单击"确定"按钮，可完成普通图层的创建。"新建图层"对话框如图 2-5 所示。

③ 按 Alt+Shift+Ctrl+N 快捷键可快速创建普通图层，按该快捷键时不会打开如图 2-5 所示的"新建图层"对话框。

（2）选择图层

在 Photoshop 中处理图像时，需要先选择图像所在的图层。选择图层的方法有多种，具体如下。

图 2-4　创建普通图层示例

图 2-5　"新建图层"对话框

① 选择一个图层：在"图层"面板中单击某图层，可选择该图层。

② 选择多个连续图层：选择第 1 个图层，然后按住 Shift 键的同时选择最后一个图层，可选择第 1 个图层、最后一个图层以及两个图层之间的所有图层。

③ 选择多个不连续图层：按住 Ctrl 键的同时单击相应图层。

若不小心选择了多余图层，可以按住 Ctrl 键的同时单击已经选择的图层，可取消选择该图层；或在"图层"面板最下方的空白区域单击，取消选择所有图层，空白区域示例如图 2-6 所示。

需要注意的是，在利用 Ctrl 键选择图层时，要单击图层缩览图以外的区域。如果按住 Ctrl 键的同时单击图层缩览图，则会将图层中的图像载入选区。

（3）删除图层

为了尽可能地减小图像的体积，对于一些不需要的图层可以将其删除，删除图层的方法如下。

① 选择图层，单击"图层"面板下方的"删除图层"按钮📕，此时会弹出提示框，如图 2-7 所示。

图 2-6　"图层"面板中的空白区域示例

图 2-7　"删除图层"提示框

单击如图 2-7 所示提示框中的"是"按钮，即可完成图层的删除。当删除图层组时，可以选择只删除图层组，或者选择删除图层组和图层组中的内容。

② 选择图层，按 Delete 或 Backspace 键，可以快速删除被选中的图层。

③ 选择"文件"→"脚本"→"删除所有空图层"命令，可以删除所有空图层。

（4）锁定图层

在 Photoshop 中，可以对图层进行锁定，如锁定透明像素、锁定图像像素、锁定位置等，这些功能都以按钮的形式被存放在"图层"面板中。锁定图层按钮示例如图 2-8 所示。

各锁定图层按钮的具体功能如下。

① 锁定透明像素：是指将普通图层中的透明像素锁定，使之无法被绘画工具（画笔、填充等）编辑。例如，打开一幅带有透明像素的图像，将图层填充为粉色，此时，整个图层都会被填充为粉色；将透明像素锁定后，再填充图像，透明的区域不会被填充，如图 2-9 所示为锁定透明像素前后的填充效果示例。

② 锁定图像像素：是指将普通图层进行锁定，使之无法被绘画工具编辑。

③ 锁定位置：是指将图层的位置和大小进行锁定，即不能改变图层的位置及大小。

④ 锁定画板：是指将图层与画板的嵌套关系进行锁定。

⑤ 锁定全部：是指将图层中的全部进行锁定，包括透明像素、图像像素、位置以及图层与画板的嵌套关系。

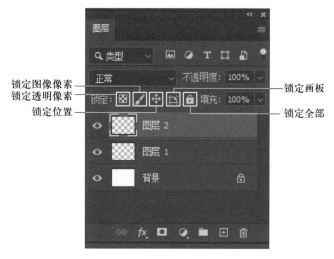

图 2-8　锁定图层按钮示例

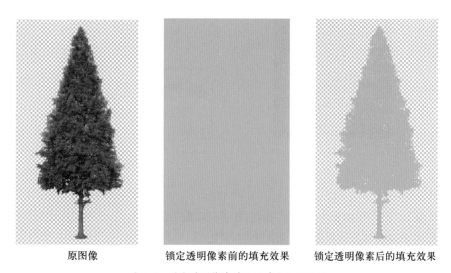

原图像　　　　　锁定透明像素前的填充效果　　　锁定透明像素后的填充效果

图 2-9　锁定透明像素前后的填充效果示例

（5）显示与隐藏图层

　　单击图层缩览图前的"指示图层可见性"图标 👁️，可以隐藏该图层。显示和隐藏图层示例如图 2-10 所示。

图 2-10　显示和隐藏图层示例

另外，若想隐藏除选中图层之外的其他图层，可以右击"指示图层可见性"图标 ，在弹出的菜单中选择"显示/隐藏所有其它图层"选项，如图 2-11 所示。

（6）复制图层

在 Photoshop 中处理图像时，一幅完整的图像中经常会包含多个相同的元素，若想得到多个相同的元素，可以复制元素所在的图层。复制图层的方法有多种，具体如下。

① 在"图层"面板中，将图层拖曳至"创建新图层"按钮 上，可复制该图层。

② 选中图层，按 Ctrl+J 快捷键，可复制该图层。

③ 在选中"移动工具" 的状态下，按住 Alt 键不放，按住鼠标左键拖曳图层或画布中的图像，可复制该图层。

④ 在"图层"面板中，右击图层，在弹出的菜单中选择"复制图层"选项，打开"复制图层"对话框，如图 2-12 所示。

在如图 2-12 所示的"复制图层"对话框中，可以设置新图层的名称以及文档的位置。

图 2-11　选择"显示/隐藏所有其它图层"选项　　　图 2-12　"复制图层"对话框

（7）重命名图层

在 Photoshop 中创建普通图层时，普通图层的默认名称为"图层 1""图层 2""图层 3"……。为了方便管理图层，可以对图层进行重命名。

选择"图层"→"重命名图层"选项，图层名称会进入编辑状态。图层名称的编辑状态示例如图 2-13 所示。

图层名称进入编辑状态后，输入新名称，按 Enter 键即可完成图层的重命名。此外，在"图层"面板中，直接双击图层名称，也可以对图层进行重命名。

（8）设置图层不透明度

"不透明度"用于控制图层的不透明程度。通过"图层"面板右上角的"不透明度"选项可以对当前图层的透明程度进行调整，图层不透明度的范围是 0~100%。

图 2-13　图层名称的编辑状态示例

例如，如图 2-14 所示的足球素材，在"图层"面板中选中"足球"图层，将其"不透明度"设置为 50%，这时"足球"图层将变为半透明状态，会半显示其下面的图层，如图 2-15 所示。

在使用绘画工具和修饰工具以外的其他工具时，按键盘中的数字键可以快速调整图层的不透明度。例如，按 3 时，"不透明度"会变为 30%；按 33 时，"不透明度"会变为 33%；按 0 时，"不透明度"会恢复为 100%。

图 2-14　不透明度为 100%　　　　　　图 2-15　不透明度为 50%

4. 图层的基础变换

在 Photoshop 中对图像处理时,常常需要调整图层的大小、角度,这时,可以对图层进行变换,选中需要变换的图层,选择"编辑"→"自由变换"选项(或按 Ctrl+T 快捷键),调出定界框。定界框是一种围绕在图像、形状或文字周围的矩形边框,可以通过拖曳定界框对其中的内容进行缩放、旋转等操作。定界框示例如图 2-16 所示。

理论微课 2-4:
图层的基础变换

□ 定界框角点
○ 定界框边点

图 2-16　定界框示例

如图 2-16 所示的定界框中,包括 4 个定界框角点和 4 个定界框边点,在变换图层时,可以通过定界框角点或边点进行变换。图层的基础变换包括缩放、旋转、翻转。

（1）缩放

缩放可以改变图层的大小,将鼠标指针移动至定界框角点或定界框边点处,按住鼠标左键进行拖曳,可以对图层进行缩放。缩放图层的方法如下。

① 自由缩放:按住 Shift 键的同时,拖曳定界框角点或定界框边点,可以自由缩放图层。

② 等比例缩放:直接拖曳定界框角点或定界框边点,可以等比例缩放图层。

③ 以定界框中心点为中心自由缩放:按住 Alt+Shift 键的同时,拖曳定界框角点或定界框边点,可以以定界框中心点为中心自由缩放图层。

④ 以定界框中心点为中心等比例缩放:按住 Alt 键的同时,拖曳定界框角点或定界框边点,可以以定界框中心点为中心等比例缩放图层。

（2）旋转

旋转变换可以改变图层的旋转角度。调出定界框后,将鼠标指针移动至定界框角点或定界框边点外侧,按住鼠标左键不放,拖曳鼠标即可旋转图层,旋转图层示例如图 2-17 所示。

图 2-17　旋转图层示例

旋转变换是以定界框的中心点为中心进行旋转的,可以通过移动定界框的中心点,改变图层旋转的样式。以定界框的中心点为中心旋转变换示例如图 2-18 所示。

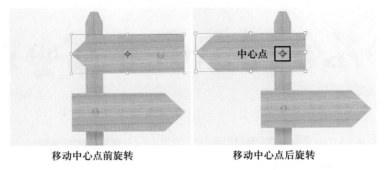

图 2-18 以定界框的中心点为中心旋转变换示例

但是,默认情况下,Photoshop 会隐藏定界框的中心点,选择"编辑"→"首选项"→"工具"选项,在打开的"首选项"对话框中选中"在使用'变换'时显示参考点"复选框,单击"确定"按钮后会显示定界框的中心点"首选项"对话框如图 2-19 所示。

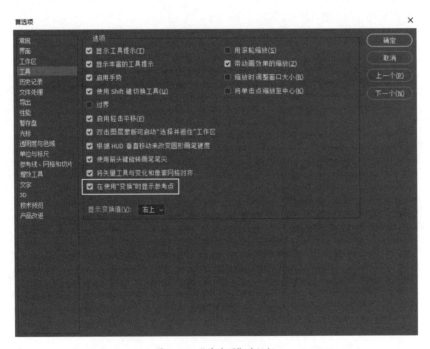

图 2-19 "首选项"对话框

另外,在"自由变换"选项栏中,可以设置旋转角度,数值为 -180°到 180°之间。按 Shift 键的同时进行旋转,图层会以 -15°或 15°的倍数为单位进行旋转。"自由变换"选项栏如图 2-20 所示。

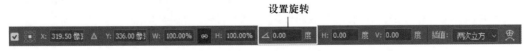

图 2-20 "自由变换"选项栏

（3）翻转

翻转包括水平翻转和垂直翻转。调出定界框后，右击，在弹出的菜单中选择"水平翻转"或"垂直翻转"选项，可以对图层进行水平翻转或垂直翻转。水平翻转和垂直翻转示例如图 2-21 所示。

原图　　　　　　　　　水平翻转　　　　　　　　　垂直翻转

图 2-21　水平翻转和垂直翻转示例

在实际工作中，经常会复制图层，然后对复制的图层进行水平翻转或垂直翻转，得到镜像或倒影效果。

多学一招　复制元素并再次变换

对图层中的元素进行变换后，按 Shift+Alt+Ctrl+T 快捷键可以复制当前元素，并对其执行最近一次的变换操作。例如，将一个花瓣形状的图案旋转 60°，确认变换。多次按 Shift+Alt+Ctrl+T 快捷键可得到对应的图像，复制变换的流程如图 2-22 所示。

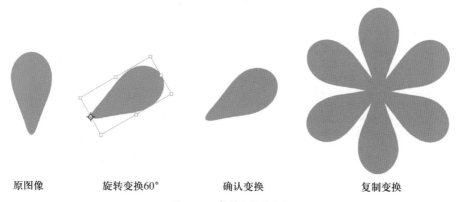

原图像　　　　　　旋转变换60°　　　　　　确认变换　　　　　　复制变换

图 2-22　复制变换的流程

在复制变换时，旋转的角度、移动的位置不同，得到的效果也不同，读者可以自行尝试。

5. 图层的高级变换

在 Photoshop 中，图层的高级变换包括"斜切""扭曲""透视"和"变形"，调出定界框后，右击定界框，弹出快捷菜单，如图 2-23 所示。

以下介绍图层的高级变换。

（1）"斜切"选项

在如图 2-23 所示的快捷菜单中选择"斜切"选项，将鼠标指针放置在定界框外侧，当鼠标指针变为 ▶ 或 形状时，按住鼠标左键不放，拖曳鼠标可以沿水平或垂直方向斜切图层，斜切图层示例如图 2-24 所示。

理论微课 2-5：
图层的高级变换

图 2-23　快捷菜单

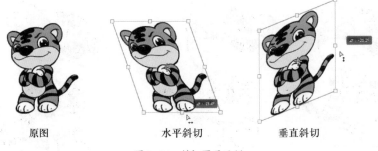

原图　　　　　　水平斜切　　　　　　垂直斜切

图 2-24　斜切图层示例

（2）"扭曲"选项

在如图 2-23 所示的快捷菜单中选择"扭曲"选项,将鼠标指针放置在定界框角点上,当鼠标指针变为▷状,按住鼠标左键不放,拖曳鼠标可以扭曲图层,扭曲图层示例如图 2-25 所示。

（3）"透视"选项

在如图 2-23 所示的快捷菜单中选择"透视"选项,将鼠标指针放置在定界框角点处,当鼠标指针变为▷形状时,按住鼠标左键不放,拖曳鼠标可以改变图层的透视状态,如图 2-26 所示。

（4）"变形"选项

在如图 2-23 所示的快捷菜单中选择"变形"选项,定界框中会显示手柄,将鼠标指针放置在定界框内,当鼠标指针变为▶形状时,按住鼠标左键不放,拖曳鼠标可对图层进行自由变形,变形图层示例如图 2-27 所示。

变形前　　　　　　变形后

图 2-25　扭曲图层示例　　　图 2-26　改变图层的　　　　图 2-27　变形图层示例
　　　　　　　　　　　　　　　透视状态

若想针对图层中的指定区域进行变形,可以在定界框内添加辅助线。将鼠标悬停在定界框内时,按住 Alt 键,定界框内会显示辅助线,单击鼠标可以确定辅助线。添加辅助线示例如图 2-28 所示。

添加辅助线后,可以看到辅助线的交叉点和辅助线所对应的手柄,变形操作只作用于辅助线周围的区域,其他区域不会被变形。可以根据需要调整的区域,拖曳交叉点和手柄,变形图层的指定区域,变形指定区域示例如图 2-29 所示。

在确定"斜切""扭曲""透视"和"变形"这些变形操作前,可按 Esc 键可以取消变形操作。

显示辅助线　　　确定辅助线

图 2-28　添加辅助线示例

图 2-29　变形指定区域示例

6. 移动工具

"移动工具"主要用于选择、移动图像,是调整图层位置的重要工具。选中图层后,选择"移动工具"(或按 V 键),按住鼠标左键不放,拖曳鼠标,即可将该图层移动到画布中的任何位置,移动图层示例如图 2-30 所示。

理论微课 2-6:
移动工具

移动图层

图 2-30　移动图层示例

使用"移动工具"时,有一些实用的小技巧,具体如下。

(1)按住 Shift 键的同时移动图层,可使图像沿水平、垂直或 45° 的方向移动。

(2)按住 Ctrl 键的同时,在画布中单击某个图层,可快速选中该图层。需要注意的是,在"移动工具"选项栏中选中"自动选择"复选项的情况下,在画布中单击图层中的元素可直接选中该图层。

若想选择图层中的某一个区域进行移动,可以先建立选区再使用"移动工具"进行移动。当移动背景图层中的某一个区域时,选区原来的位置将自动被背景色填充。

另外,使用"移动工具"时,每按一下方向键(→、←、↑、↓),可以将选中的图层移动 1 个像素;如果按住 Shift 键的同时再按方向键,则选中图层可以移动 10 个像素。

■ 任务实现

根据任务分析思路,【任务 2-1】制作果蔬自行车的具体实现步骤如下。

Step01:选择"文件"→"新建"选项(或按 Ctrl+N 快捷键),新建一个名称为"【任务 2-1】果蔬自行车"、"宽度"和"高度"均为 1000 像素、"分辨率"为 72 像素 / 英寸的文档,新建文档示例如图 2-31 所示。

Step02:依次置入"百香果.png""橙子.png""大葱.png"等素材,置入素材示例如图 2-32 所示。

Step03:右击橙子所在图层的"指示图层可见性"图标,在弹出的快捷菜单中选择"显示 / 隐藏

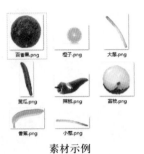

置入素材

图 2-31 新建文档示例

图 2-32 置入素材示例

所有其他图层"选项,隐藏其他图层,如图 2-33 所示。

    Step04:选择橙子所在图层,按 Ctrl+T 快捷键调出定界框,将鼠标指针放置在定界框角点处拖曳鼠标,缩小橙子。

    Step05:右击定界框,在弹出的快捷菜单中选择"水平翻转"选项,按 Enter 键确认变换。

    Step06:在画布中,使用"移动工具"➕,按住 Alt 键的同时拖曳橙子,复制橙子所在图层,作为自行车的轮子,自行车的轮子示例如图 2-34 所示。

    Step07:在"图层"面板中,显示并选中大葱所在图层,将其一端移动到右侧橙子的中心处,移动大葱示例如图 2-35 所示。

    Step08:复制大葱所在的图层,将其调整至如图 2-36 所示的样式。

    Step09:显示并选中"百香果"图层,将其缩小,放置在两个橙子的中间,百香果大小和位置示例如图 2-37 所示。

图 2-34 自行车的轮子示例

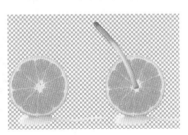

图 2-33 隐藏其他图层

图 2-35 移动大葱示例

Step10：显示并选中"小葱"图层，移动"小葱"图层的位置，小葱位置示例如图 2-38 所示。

图 2-36　复制大葱并调整大葱
　　　　　样式示例

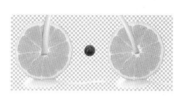

图 2-37　百香果大小和位置示例

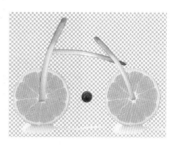

图 2-38　小葱位置示例

Step11：复制"小葱"图层，得到"小葱 拷贝"图层，将其等比例缩小，并旋转"小葱 拷贝"图层的角度至如图 2-39 所示的样式。

Step12：重复 Step11 的步骤，得到"小葱 拷贝 2"图层，如图 2-40 所示。

Step13：显示并选中"黄瓜"图层，将其等比例缩小，旋转其角度，并移动至如图 2-41 所示的位置。

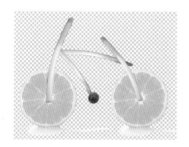

图 2-39　旋转"小葱 拷贝"
　　　　　图层的样式

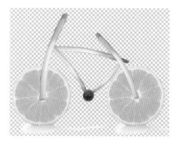

图 2-40　"小葱 拷贝 2"图层

图 2-41　移动"黄瓜"的位置

Step14：按照 Step13 的步骤，调整"辣椒""荔枝"和"香蕉"图层。

Step15：在"图层"面板中，调整"香蕉"图层的顺序，图层顺序如图 2-42 所示。

图 2-42　图层顺序

Step16：显示"背景"图层。

至此,果蔬自行车制作完成。

制作几何海报

在 Photoshop 中,可以利用选区工具绘制不同形状的选区。本任务将制作一个几何海报,通过本任务的学习,读者能够掌握选区工具的使用方法。几何海报效果如图 2-43 所示。

图 2-43　几何海报效果

实操微课 2-2：
任务 2-2　制作
几何海报

■ 任务目标

知识目标	● 了解选区,能够归纳选区的作用
技能目标	● 掌握图层的进阶操作,能够完成合并图层、排列图层、对齐图层等操作
	● 掌握"矩形选框工具"的使用方法,能够绘制矩形选区
	● 掌握"椭圆选框工具"的使用方法,能够绘制椭圆选区
	● 掌握选区的基本操作,能够对选区进行全选、反选、取消选择等操作
	● 掌握前景色和背景色的使用,能够为图层填充指定的前景色和背景色
	● 掌握"橡皮擦工具"的使用方法,能够擦除图层中的指定区域

■ 任务分析

在几何海报中包含圆形图案、圆环图案和矩形条,在制作时,可以按照以下思路完成几何海报的制作。

1. 绘制圆形图案

在圆形图案中,多个圆形堆叠在一起,可以使用"椭圆选框工具"绘制圆形选区,然后再对圆形选区进行填充。为了方便后期调整,在填充颜色前,需要先创建普通图层再进行填充,而不在背景图层上进行填充。

2. 绘制圆环图案

在圆环图案中,包括多个圆环。可以将其分成上下两部分,首先,绘制上半部分;然后,对上半部分进行复制得到下半部分;最后,利用选区、橡皮擦等工具清除指定区域,得到圆环图案。

3. 绘制矩形条

使用"矩形选框工具"绘制 3 个大小不一的矩形选区,再对选区进行填充即可。

■ 知识储备

1. 图层的进阶操作

图层的进阶操作是基于两个及两个以上图层进行操作的,包括合并图层、排列图层、对齐图层、分布图层、链接图层、组合图层,以下讲解图层的进阶操作。

（1）合并图层

合并图层不仅可以节约磁盘空间,提高操作速度,还可以更方便地管理图层。合并图层主要包括合并选中图层、合并可见图层、盖印选中图层和盖印可见图层,对合并图层的讲解如下。

① 合并选中图层:选中需要合并的图层,选择"图层"→"合并图层"选项(或按 Ctrl+E 快捷键),即可将选中的图层合并,成为一个图层。合并选中图层示例如图 2-44 所示。

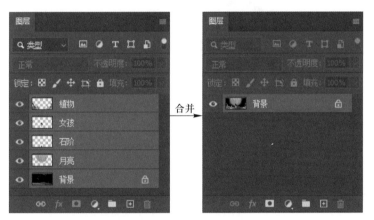

理论微课 2-7:
图层的进阶操作

图 2-44 合并选中图层示例

② 合并可见图层:合并可见图层是指合并所有显示的图层。选中其中一个显示的图层,选择"图层"→"合并可见图层"选项(或按 Shift+Ctrl+E 快捷键),可以将所有显示的图层合并,成为一个图层。合并可见图层示例如图 2-45 所示。

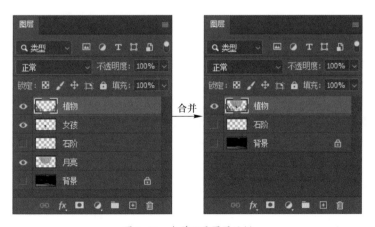

图 2-45 合并可见图层示例

③ 盖印选中图层：盖印选中图层可以将选中图层复制并进行合并。选择需要合并的图层，按 Ctrl+Alt+E 快捷键，可以盖印选中图层，盖印选中图层示例如图 2-46 所示。

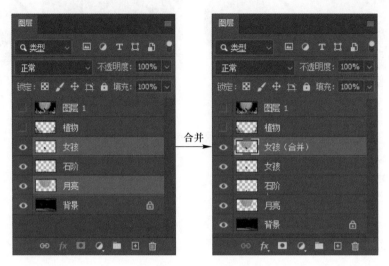

图 2-46 盖印选中图层示例

④ 盖印可见图层：盖印可见图层可以将显示的图层复制并进行合并。按 Shift+Ctrl+Alt+E 快捷键可以盖印所有显示的图层。盖印可见图层示例如图 2-47 所示。

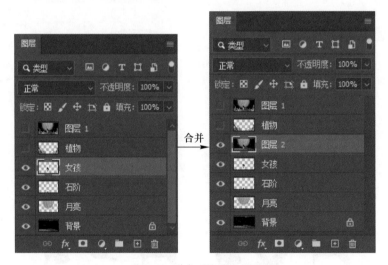

图 2-47 盖印可见图层示例

（2）排列图层

在"图层"面板中，图层是按照创建的先后顺序进行排列的，位于上面的图层会遮盖位于下面的图层。当拖曳一个图层至另外一个图层的上面（或下面）时，会改变图层的排列顺序。改变图层的排列顺序会影响图层的显示效果。图 2-48 展示的是"吸管"图层在"椰汁"图层上面和下面的不同效果。

除了使用拖曳方法排列图层外，Photoshop 还提供了多个排列图层的选项。选择"图层"→"排列"选项，可弹出"排列"选项的子选项，如图 2-49 所示。

"吸管"图层在"椰汁"图层上面　　　　　　　　　　"吸管"图层在"椰汁"图层下面

图 2-48　"吸管"图层在"椰汁"图层上面和下面的不同效果

在如图 2-49 所示的"排列"选项的子选项中,包括"置为顶层""前移一层""后移一层""置为底层",具体如下。

①"置为顶层":将选中的图层调整到最顶层,快捷键是 Shift+Ctrl+]。

②"前移一层":将选中的图层向上移动一层,快捷键是 Ctrl+]。

③"后移一层":将选中的图层向下移动一层,快捷键是 Ctrl+[。

④"置为底层":将选中的图层调整到最底层,快捷键是 Shift+Ctrl+[。

（3）对齐图层

选择两个及两个以上需要对齐的图层,选择"图层"→"对齐"选项,可弹出"对齐"选项的子选项,如图 2-50 所示。

图 2-49　"排列"选项的子选项　　　　　　图 2-50　"对齐"选项的子选项

在如图 2-50 所示的"对齐"选项的子选项中,包括"顶边""垂直居中""底边""左边""水平居中""右边",具体如下。

①"顶边":将每个图层以位于最上方的图层为基准,进行顶部对齐。顶部对齐示例如图 2-51 所示。

图 2-51　顶部对齐示例

②"垂直居中":将每个图层垂直方向的中心线（图 2-52 中的红线）,进行居中对齐,垂直居中示例如图 2-52 所示。

③"底边":将每个图层以位于最下方的图层为基准,进行底部对齐。底部对齐示例如图 2-53 所示。

④"左边":将每个图层以位于最左侧的图层为基准,进行左对齐。左对齐示例如图 2-54 所示。

⑤"水平居中":将每个图层水平方向的中心线（图 2-55 中的黄线）,进行居中对齐。水平居中对

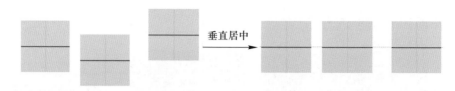

图 2-52　垂直居中示例

图 2-53　底部对齐示例

齐示例如图 2-55 所示。

⑥ "右边"：与"左边"相反，将每个图层以位于最右侧的图层为基准，进行右对齐。

图 2-54　左对齐示例

（4）分布图层

分布是以两端图层的位置为基准进行分布。选择 3 个或 3 个以上图层，选择"图层"→"分布"选项，弹出"分布"选项的子选项，如图 2-56 所示。

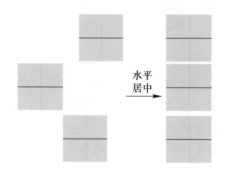

图 2-55　水平居中对齐示例

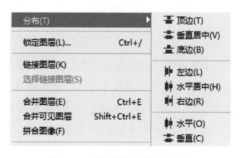

图 2-56　"分布"选项的子选项

在如图 2-56 所示的"分布"选项的子选项中，包括"顶边""垂直居中""底边""左边""水平居中""右边""水平"和"垂直"，具体如下。

① "顶边"：以每个图层顶端的边缘为基准，等距离分布。顶边分布示例如图 2-57 所示。

在图 2-57 中，各个图层顶端边缘的距离是一致的，即 1 和 2 的数值相等。

② "垂直居中"：以每个图层垂直方向的中心线为基准，等距离分布。垂直居中分布示例如图 2-58 所示。

在图 2-58 中，各个图层垂直方向的中心线的距离一致，即 1 和 2 之间的距离是相等的。

③ "底边"：与"顶边"相反，是以每个图层最底端的边缘为基准，等距离分布。

④ "左边"：以图层最左侧的边缘为基准，等距离分布，左边分布示例如图 2-59 所示。

在图 2-59 中，各个图层最左侧边缘之间的距离一致，即 1 和 2 之间的距离是相等的。

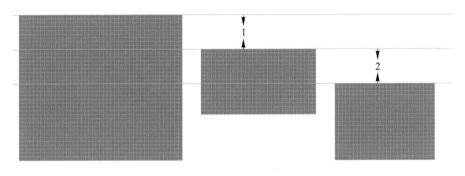

图 2-57　顶边分布示例

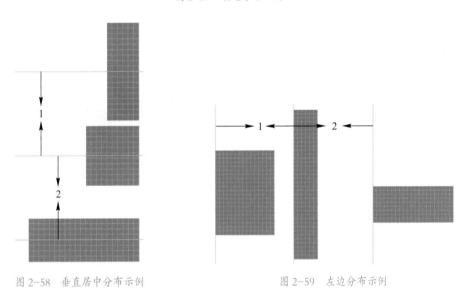

图 2-58　垂直居中分布示例　　　　　　　　图 2-59　左边分布示例

⑤ "水平居中"：以图层水平方向的中心线为基准，等距离分布，水平居中示例如图 2-60 所示。在图 2-60 中，各个图层水平方向的中心线之间的距离一致，即 1 和 2 之间的距离是相等的。

⑥ "右边"：与"左边"相反，是以图层最右侧的边缘为基准，等距离分布。

⑦ "水平"：以图层水平间距为基准，水平平均分布，水平分布示例如图 2-61 所示。

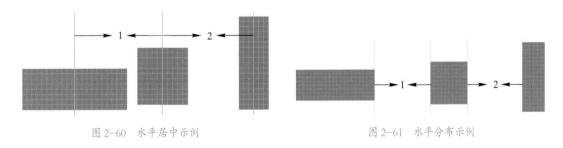

图 2-60　水平居中示例　　　　　　　　　图 2-61　水平分布示例

在图 2-61 中，1 和 2 的距离相等。

⑧ "垂直"：以图层垂直间距为基准，垂直平均分布。垂直分布示例如图 2-62 所示。

在图 2-62 中，1 和 2 的距离相等。

需要注意，在 Photoshop 中选择多个图层后，"移动工具"选项栏中会显示"对齐"和"分布"选项，单击对应的按钮，也可以对图层进行对齐和分布。

（5）链接图层

链接图层是指将图层进行关联。无论图层顺序是否相邻，都可以将图层进行关联。链接图层后，拖曳其中一个图层时，关联图层也会随之移动。链接图层的步骤如下。

① 选中需要链接的图层。

② 单击"图层"面板下方的"链接图层"按钮，链接图层。

若想取消图层的链接，可执行以下操作。

① 选择一个链接的图层，单击"链接图层"按钮，可以取消该图层与其他图层的链接。

② 按住 Shift 键，单击图层右侧的链接图标，可以临时停用该图层与其他图层的链接，此时，链接图标上会出现。再次按 Shift 键可以启用图层的链接。

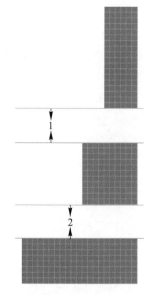

图 2-62　垂直分布示例

（6）组合图层

组合图层能够使"图层"面板整洁有序。在"图层"面板中选择多个图层，选择"图层"→"图层编组"选项（或按 Ctrl+G 快捷键），可以将选中图层进行组合，组合后的图层会以图层组的形式被存放在"图层"面板中。想要取消组合图层，可以选择"图层"→"取消图层编组"（或按 Shift+Ctrl+G 快捷键）。

另外，在 Photoshop 中，还可以将"图层"面板中的其他图层或图层组添加到同一图层组内，具体方法如下。

① 拖曳图层或图层组到图层组内。

② 选择"图层"面板中的图层组，单击"创建新图层"按钮，可以将新图层添加到图层组内。

2. 认识选区

在 Photoshop 中，选区是为处理局部而自行定义的一个区域，定义选区时，选区周围会显示虚线边框。通过选区，可以处理图像的局部，即定义选区后，处理时会处理区域内的图像，而区域外的图像不会被处理。

理论微课 2-8：
认识选区

例如，打开如图 2-63 所示的"枫叶.png"素材，调整其色相（后面章节会进行详细讲解），未绘制选区的调整图像色相示例如图 2-64 所示。

如图 2-64 所示，在未绘制选区的情况下，对图像的色相进行调整，会改变整个图像的色相。绘制选区，再进行调整，则可以针对选定范围内进行调整，绘制选区后调整图像色相示例如图 2-65 所示。

图 2-63　"枫叶.png"素材

图 2-64　未绘制选区的调整图像色相示例

图 2-65　绘制选区后调整图像色相示例

3. 矩形选框工具

"矩形选框工具"常用来绘制一些形状规则的矩形选区。选择"矩形选框工具"(或按 M 键),按住鼠标左键在画布中的任意位置拖曳,即可绘制一个矩形选区,绘制矩形选区示例如图 2-66 所示。

由图 2-66 可知,在绘制矩形选区时,会显示矩形选区的宽度和高度。使用"矩形选框工具"绘制选区时,有一些实用的小技巧,具体如下。

(1)按住 Shift 键的同时拖曳,可绘制一个正方形选区。

(2)按住 Alt 键的同时拖曳,可绘制一个以单击点为中心的矩形选区。

(3)按住 Alt+Shift 键的同时拖曳,可以绘制一个以单击点为中心的正方形选区。

图 2-66 绘制矩形选区示例

(4)选择"选择"→"取消选择"选项(或按 Ctrl+D 快捷键),可取消当前选区(适用于所有选区工具绘制的选区)。

需要注意,在选择"矩形选框工具"后,单击其选项栏的"样式"选项,在"样式"列表框中,可以选择控制选框尺寸和比例的方式,"样式"列表框如图 2-67 所示。

图 2-67 "样式"列表框

在如图 2-67 所示的"样式"列表框中,包含"正常""固定比例"和"固定大小"3 个选项,具体如下。

① "正常":选择该选项时,拖曳鼠标可以绘制任意大小的矩形选区。

② "固定比例":选择该选项后,可以在后面的"宽度"和"高度"文本框中输入具体的宽高比例。绘制选区时,选区尺寸将自动符合该宽高比例。

③ "固定大小":选择该选项后,可以在后面的"宽度"和"高度"文本框中输入具体的宽高数值。绘制选区时,选区尺寸将自动符合该宽高值。

4. 椭圆选框工具

"椭圆选框工具"能够绘制椭圆选区。选择"椭圆选框工具",按住鼠标左键在画布中任意位置拖曳,即可绘制一个椭圆选区,绘制椭圆选区示例如图 2-68 所示。

使用"椭圆选框工具"绘制选区时,有一些实用的小技巧,具体如下。

(1)按住 Shift 键的同时拖曳鼠标,可以绘制一个正圆选区。

(2)按住 Alt 键的同时拖曳鼠标,可以绘制一个以单击点为中心的椭圆选区。

(3)按住 Alt+Shift 快捷键的同时拖曳,可以绘制一个以单击点为中心的正圆选区。

需要注意,在绘制椭圆选区时,往往需要在"椭圆选框工具"选项栏中选中"消除锯齿"复选项,这是因为:像素是矩形的,是组成图像的最小元素,在绘制圆形、多边形等不规则选区时,便容易产生锯齿。选中"消除锯齿"复选项后,Photoshop 会在选区边缘 1 个像素的范围内添加与周围图像相近的颜色,使选区看上去光滑。消除锯齿前后对比示例如图 2-69 所示。

消除锯齿前　　　消除锯齿后

图 2-68　绘制椭圆选区示例　　　　　图 2-69　消除锯齿前后对比示例

5. 选区的基本操作

选区的基本操作包括全选、反选、取消选择、移动选区、隐藏和显示选区。以下介绍选区的基本操作。

理论微课 2-11：
选区的基本操作

（1）全选

选择"选择"→"全部"选项（或按 Ctrl+A 快捷键），系统会绘制与整个画布大小等大的选区，全选示例如图 2-70 所示。

如果需要复制画布中某个图层的全部元素时，可以先按 Ctrl+A 快捷键，再按 Ctrl+C 快捷键，复制元素。如果文档中包含多个图层，可以按 Shift+Ctrl+C 快捷键进行合并复制。

（2）反选

绘制选区之后，选择"选择"→"反向"选项（或按 Shift+Ctrl+I 快捷键），可以反转选区。在实际工作中，如果图像背景简单，则可以先选中背景，再进行反选，选中图像中的主体。例如，使用"魔棒工具" 🪄 选择背景，再反转选区，即可选中图像的主体。选择背景和反选示例如图 2-71 所示。

选择背景　　　　　　反选

图 2-70　全选示例　　　　　图 2-71　选择背景和反选示例

（3）取消选择

选择"选择"→"取消选择"选项（或按 Ctrl+D 快捷键）可取消选择当前选区。

（4）移动选区

移动选区是指在不移动图层内容的前提下移动选区。既可以在绘制选区时移动选区，也可以在绘制选区后移动选区，其具体操作方法如下。

① 绘制选区时移动选区：在释放鼠标前，按住空格键拖曳鼠标，可以移动选区。

② 绘制选区后移动选区：使用选区工具拖曳选区，即可移动选区。若想小幅度移动选区，可以

按键盘中的方向键进行小幅度移动。需要注意的是,只有在选区工具选项栏中的"新选区"▢为选中状态下,才能移动选区。

在选中"移动工具"的状态下,移动选区时,选区中的像素也会随之移动,按住 Alt 键的同时移动选区,可复制选区中的像素。

（5）隐藏和显示选区

在 Photoshop 中处理图像时,若想隐藏选区,可以选择"视图"→"显示"→"选区边缘"选项隐藏选区。选择"视图"→"显示额外内容"选项（或按 Ctrl+H 快捷键）可以隐藏参考线、网格等额外内容,也可以隐藏选区。

隐藏选区后,选区虽然不可见,但仍然存在限定操作的有效区域,隐藏选区示例如图 2-72 所示。

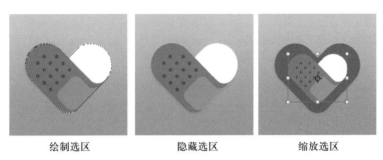

绘制选区　　　　　隐藏选区　　　　　缩放选区

图 2-72　隐藏选区示例

若需要重新显示选区,可再次选择"视图"→"显示"→"选区边缘"选项,显示选区。

6. 前景色和背景色

前景色和背景色用于设置填充的颜色,通常被存放于 Photoshop 工具栏中,前景色和背景色示例如图 2-73 所示。

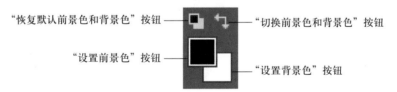

"恢复默认前景色和背景色"按钮　　　　　"切换前景色和背景色"按钮

"设置前景色"按钮　　　　　"设置背景色"按钮

图 2-73　前景色和背景色示例

通过图 2-73 可以看出,前景色和背景色中由 4 个按钮组成,分别为"恢复默认前景色和背景色""切换前景色和背景色""设置前景色"和"设置背景色"按钮。

①"恢复默认前景色和背景色"按钮:在 Photoshop 中,默认的前景色为黑色,背景色为白色。在处理图像时,更改前景色和背景色后,单击该按钮（或按 D 键）,可以恢复默认的前景色和背景色。

②"切换前景色和背景色"按钮:单击该按钮（或按 X 键）,可将前景色和背景色互换。

③"设置前景色"按钮:"设置前景色"中所显示的颜色是当前所使用的前景色。单击该色块,将打开如图 2-74 所示的"拾色器（前景色）"对话框。

在如图 2-74 所示的"拾色器（前景色）"对话框中包括拾取的颜色、色域和颜色滑块。在色域中的颜色处单击可改变当前拾取的颜色;拖曳颜色滑块可以调整颜色范围。按 Alt+Delete 快捷键可填

拾取的颜色

拾色器 (前景色)   ✕

新的

当前

确定
取消
添加到色板
颜色库

○ H: 0 度   ○ L: 32
○ S: 73 %   ○ a: 43
○ B: 54 %   ○ b: 26
○ R: 137   C: 48 %
○ G: 38   M: 95 %
○ B: 38   Y: 95 %
892626   K: 21 %

□ 只有 Web 颜色

色域   颜色滑块

图 2-74 "拾色器(前景色)"对话框

充当前的前景色。

④ "设置背景色" 按钮:"设置背景色" 中所显示的颜色是当前所使用的背景色。单击该色块,将打开 "拾色器 (背景色)" 对话框,设置方法与设置前景色的方法一致,按 Ctrl+Delete 快捷键可填充当前的背景色。

7. 橡皮擦工具

使用 "橡皮擦工具" ✍ (或按 E 键) 可以擦除位图图层中指定的区域。如果擦除的是背景图层或锁定了透明像素的图层,擦除区域会显示为背景色,否则为透明。擦除背景图层和擦除非锁定透明像素的图层示例如图 2-75 所示。

了解了 "橡皮擦工具" 的基本使用方法后,接下来介绍 "橡皮擦工具" 选项栏,如图 2-76 所示。

在如图 2-76 所示的 "橡皮擦工具" 选项栏中,包括 "画笔预设" "模式" "不透明度" 和 "抹到

擦除背景图层   擦除非锁定透明像素的图层

图 2-75 擦除背景图层和擦除非锁定透明像素的图层示例

理论微课 2-13:
橡皮擦工具

"画笔预设"   "模式"   "不透明度"   "抹到历史记录"

图 2-76　"橡皮擦工具"选项栏

历史记录"等选项,具体如下。

（1）"画笔预设"

用于设置"橡皮擦工具"的笔刷样式,单击"画笔预设"选项,会弹出设置笔刷的面板,如图 2-77 所示。

在设置笔刷的面板中,可以设置笔刷的大小、硬度和笔刷的样式。另外,按 [键可以缩小笔刷;按] 键可以放大笔刷;按 Shift+[快捷键可以降低笔刷的硬度;按 Shift+] 快捷键可以增加笔刷的硬度。

（2）"模式"

用于设置橡皮擦的种类,包括"画笔""铅笔"和"块",具体如下。

① "画笔":可以创建柔边擦除效果。

② "铅笔":可以创建硬边擦除效果。

③ "块":可以创建块状的擦除效果。

图 2-77　设置笔刷的面板

（3）"不透明度"

用于设置"橡皮擦工具"的擦除强度,"不透明度"为 100% 时,可以完全擦除图层的指定区域。

（4）"抹到历史记录"

选中"抹到历史记录"复选项后,"橡皮擦工具"就具有"历史记录画笔工具"的功能（"历史记录画笔工具"将在项目 7 中介绍）,可以有选择地将图像恢复到指定步骤。

■ 任务实现

根据任务分析思路,【任务 2-2】制作几何海报的具体实现步骤如下。

1. 绘制圆形图案

Step01:打开 Photoshop,选择"文件"→"新建"选项（或按 Ctrl+N 快捷键）,在打开的"新建文档"对话框中设置"预设详细信息"为"【任务 2-2】几何海报","宽度"为 1500 像素、"高度"为 2000 像素、"分辨率"为 72 像素 / 英寸、"颜色模式"为 RGB 颜色,参数设置如图 2-78 所示。

Step02:单击如图 2-78 所示的"创建"按钮,完成画布的创建。

Step03:按 Ctrl+S 快捷键,保存文档。

Step04:为背景填充蓝色（RGB:94、124、182）。

Step05:选择"椭圆选框工具" 绘制一个正圆选区,椭圆选区示例如图 2-79 所示。

Step06:按 Shift+Alt+Ctrl+N 快捷键新建图层,得到"图层 1",为"图层 1"填充深蓝色（RGB:39、61、109）。按 Ctrl+D 快捷键取消选择,

图 2-78　"几何海报"参数设置

填充图层示例如图 2-80 所示。

　　Step07：按照 Step05~Step06 的步骤，新建图层，绘制正圆选区，并依次将其填充为蓝色（RGB：94、124、182）、淡紫色（RGB：147、156、235），绘制正圆形图案如图 2-81 所示。

图 2-79　椭圆选区示例　　　　图 2-80　填充图层示例　　　　图 2-81　绘制正圆形图案

　　Step08：选中除背景图层外的所有图层，按 Ctrl+G 快捷键，为图层编组，命名为"圆形图案"，并单击"图层"面板中的"锁定全部"按钮，锁定图层组。

　　2. 绘制圆环图案

　　Step01：新建图层，使用"椭圆选框工具"绘制椭圆选区，新建图层，得到"图层 5"，为"图层 5"填充为淡紫色（RGB：147、156、235）。绘制椭圆示例如图 2-82 所示。

　　Step02：按 Ctrl+D 快捷键取消选择。将鼠标指针放置在正圆中心，按住 Alt+Shift 快捷键拖曳鼠标，绘制一个稍小的正圆选区，如图 2-83 所示。

　　Step03：按 Delete 快捷键，删除选区内的像素，得到圆环，圆环示例如图 2-84 所示。

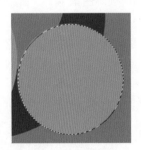 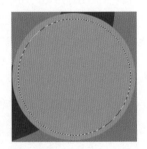 

图 2-82　绘制椭圆示例　　　　图 2-83　稍小的正圆选区　　　　图 2-84　圆环示例 1

　　Step04：按 Ctrl+D 快捷键取消选择。

　　Step05：按照 Step01~Step04 的步骤，继续绘制圆环，圆环示例如图 2-85 所示。

　　Step06：合并圆环所在图层，将得到的图层组重命名为"上圆环"。

　　Step07：按 Ctrl+J 快捷键，复制"上圆环"图层，得到"上圆环 拷贝"图层，将"上圆环 拷贝"重命名为"下圆环"，将其向下拖曳，拖曳至图 2-86 所示。

　　Step08：按住 Ctrl 键，单击"上圆环"的图层缩览图，载入选区，按 Shift+Ctrl+I 快捷键反选。

　　Step09：选择"下圆环"图层，使用"橡皮擦工具"擦掉图 2-87 中的区域。

　　Step10：按 Ctrl+D 快捷键取消选择。按住 Ctrl 键，单击"下圆环"的图层缩览图，载入选区，按 Shift+Ctrl+I 快捷键反选。

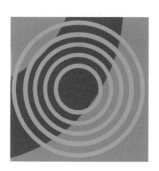

图 2-85　圆环示例 2　　　　图 2-86　将"下圆环"向下拖曳　　　　图 2-87　擦掉固定区域 1

Step11：选择"上圆环"图层，使用"橡皮擦工具"擦掉图 2-88 中的区域。

Step12：按 Ctrl+D 快捷键取消选择。

Step13：选择"上圆环"和"下圆环"图层，按 Ctrl+G 快捷键为图层编组，为图层组重命名为"圆环图案"。

Step14：调整圆环图案的大小及位置，如图 2-89 所示。

Step15：复制"圆环图案"图层组，得到"圆环图案 拷贝"图层。选中"圆环图案 拷贝"图层组中的"上圆环"和"下圆环"，单击"图层"面板中的"锁定透明像素"按钮，锁定两个图层的透明像素。

Step16：分别为两个图层填充为深蓝色（RGB：39、61、109），将"圆环图案 拷贝"图层组拖曳至"圆环图案"图层组下方。

Step17：选择"移动工具"，按两次→键，将"圆环图案 拷贝"图层组向右移动两个像素，移动图层组示例如图 2-90 所示。

图 2-88　擦掉固定区域 2　　　　图 2-89　调整圆环图案的大小　　　　图 2-90　移动图层组示例
　　　　　　　　　　　　　　　　　　　　　及位置

3. 绘制矩形条

Step01：使用"矩形选框工具" ，绘制矩形选区，新建图层，将新图层重命名为"矩形条 1"。矩形条示例如图 2-91 所示。

Step02：按照步骤 Step01 的操作方法，绘制如图 2-92 所示的矩形条。

Step03：置入"文案素材.png"，将其放置在如图 2-93 所示的位置。

图 2-91　矩形条示例　　　　　图 2-92　绘制矩形条　　　　　图 2-93　文案素材位置示例

至此，几何海报制作完成。

任务 2-3　制作水晶球

在【任务 2-2】中，读者已经对选区有了一定的了解，本任务将继续利用选区制作一个水晶球，通过本任务的学习，读者能够掌握选区的进阶操作。水晶球效果如图 2-94 所示。

实操微课 2-3：
任务 2-3　水晶球

图 2-94　水晶球效果

■ 任务目标

知识目标	● 了解智能对象,能够复述智能对象的优势和局限性
技能目标	● 掌握栅格化图层的操作方法,能够将图层进行栅格化 ● 掌握"套索工具"的使用方法,能够绘制自由选区 ● 掌握"多边形套索工具"的使用方法,能够绘制带有棱角的不规则选区 ● 掌握"对象选择工具"的使用方法,能够选中图层中的主体 ● 掌握"魔棒工具"的使用方法,能够将颜色相近的区域载入选区 ● 掌握"快速选择工具"的使用方法,能够利用笔刷快速绘制选区 ● 掌握选区的布尔运算,能够通过不同的运算方式对选区进行运算,从而得到新选区 ● 掌握选区的编辑方法,能够对选区进行羽化、变换等操作 ● 掌握"吸管工具"的使用方法,能够吸取当前文档窗口中任一区域的颜色

■ 任务分析

在制作时,可以按照以下思路完成水晶球的制作。

1. 制作背景

背景中包含背景素材、雪地和雪花,实现步骤如下。

(1)打开背景素材。

(2)绘制自由选区,为选区填充白色,作为雪地。

(3)置入雪花素材。

2. 制作球体

水晶球体为玻璃材质,为了凸显球体的材质,需要为球体增加高光、反光等要素。制作球体的具体制作步骤如下。

(1)绘制球体轮廓。

(2)绘制球体反光。

(3)绘制球体高光。

3. 制作底座

制作底座的实现步骤如下。

(1)绘制底座。

(2)绘制底座高光。

4. 添加装饰

装饰主要包括球内的树、雪人和雪花,以及球外的雪挂,实现步骤如下。

(1)置入装饰素材。

(2)调整装饰素材,使其与球体贴合。

(3)置入雪挂素材。

■ 知识储备

1. 智能对象

智能对象能够保留图像的原始特性。通过智能对象，能够对图像进行非破坏性的编辑，即对图像进行缩放、旋转等操作时，不会丢失图像的原始数据信息。例如，对智能对象反复缩放时，智能对象的品质不会降低。但对普通图像反复缩放时，普通图像会失真。

理论微课 2-14：智能对象

虽然智能对象有很多优势，但是在某些情况下却无法直接对智能对象进行编辑。例如，当删除智能对象中选区的内容时，系统会报错，系统报错示例如图 2-95 所示。

图 2-95　系统报错示例

当将外部图像置入当前处理的文档窗口时，外部图像会作为智能对象被存放在"图层"面板中。当然，除了外部置入图像获得智能对象外，还可以将图层中的元素转化为智能对象。具体操作步骤如下。

（1）在"图层"面板中选择一个或多个图层。

（2）右击选中图层，在弹出的快捷菜单中选择"转换为智能对象"选项，将图层转换为智能对象。

将两个图层转换为智能对象示例如图 2-96 所示。

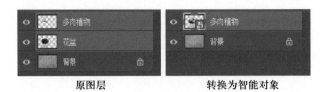

　　原图层　　　　　　　　转换为智能对象

图 2-96　将两个图层转换为智能对象示例

由图 2-96 可知，智能对象所在图层的缩览图中会显示 图标。为智能对象应用滤镜以及调色选项时，均会作为智能选项显示在图层下方，不会破坏智能对象。

2. 栅格化图层

栅格化图层是指将智能对象、形状图层、文字图层等转化为普通图层。在 Photoshop 中，无法使用画笔、橡皮擦等绘画工具对智能对象、形状图层、文字图层直接进行编辑，这时，可以将这些图层栅格化，将其转化为普通图层，再进行编辑。

理论微课 2-15：
栅格化图层

右击需要栅格化的图层，在弹出的快捷菜单中选择"栅格化图层"选项，即可将图层栅格化。将智能对象转换为普通图像示例如图 2-97 所示。

原图层　　　　　　　　　栅格化图层

图 2-97　将智能对象转换为普通图像示例

3. 套索工具

使用"套索工具" 可以创建自由选区。选择"套索工具"（或按 L 键）后，按住鼠标左键不放进行拖曳，释放鼠标后，选区绘制完成，绘制选区和绘制选区后的效果分别如图 2-98 和图 2-99 所示。

理论微课 2-16：
套索工具

图 2-98　绘制选区　　　　　　图 2-99　绘制选区后的效果

使用"套索工具"绘制选区时，若鼠标指针没有回到起始点位置，释放鼠标后，终点和起始点之间会自动生成一条直线闭合选区。未释放鼠标之前按 Esc 键，可以取消选区的绘制。

4. 多边形套索工具

"多边形套索工具" 用于绘制带有棱角的不规则选区。使用"多边形套索工具"的步骤如下。

（1）选择"多边形套索工具"，此时鼠标指针会变为 。

（2）在画布中单击确定起始点。

理论微课 2-17：
多边形套索工具

（3）将鼠标指针悬停至目标方向，依次单击，创建新的节点，形成不同方向的线段，线段示例如图 2-100 所示。

（4）拖曳鼠标指针至起始点位置，当终点与起点重合时，鼠标指针变为 状态时，单击，闭合线段，形成选区，选区示例如图 2-101 所示。

图 2-100 线段示例

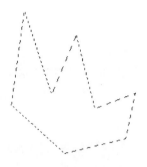

图 2-101 选区示例 1

使用"多边形套索工具"绘制选区时,有一些实用的小技巧,具体如下。

(1)在未闭合选区的情况下,可以按 Delete 键或 Backspace 键可以删除当前节点,按 Esc 键可以删除所有的节点。

(2)按住 Shift 键不放,可以沿水平、垂直或 45° 倍数的方向创建节点。

打开素材"城市天空.jpg",如图 2-102 所示。

选择"多边形套索工具",在高楼的任一楼顶处单击,确定起始点,拖曳鼠标指针在每一个转折处依次单击创建节点,待终点与起始点重合时,即可形成天空选区,选区示例如图 2-103 所示。

图 2-102 素材图像"城市天空.jpg"

图 2-103 选区示例 2

5. 对象选择工具

"对象选择工具" 可以快速选择图层中的主体。选择"对象选择工具",在图层主体上绘制选区,即可选中图层中的主体,使用"对象选择工具"选择主体示例如图 2-104 所示。

在"对象选择工具"选项栏中,设置"模式"可以更改绘制选区的方式,包括"矩形"和"套索"两个选项。选择"矩形"选项时,使用"对象选择工具"绘制的选区为矩形选区;选择"套索"选项时,使用"对象选择工具"绘制的选区为自由选区。

理论微课 2-18:
对象选择工具

图 2-104 使用"对象选择工具"
选择主体示例

6. 魔棒工具

使用"魔棒工具" 可以快速选择颜色变化不大的区域,被选择的区域会自动生成选区。选择"魔棒工具"(或按 W 键),在画布中单击,则可选择与单击点颜色相近的区域,使用"魔棒工具"创建选区示例如图 2-105 所示。

理论微课 2-19:
魔棒工具

在"魔棒工具"选项栏中,可以设置选区的选择范围。"魔棒工具"选项栏如图 2-106 所示。

单击　　　　　　　　　　　　创建选区

图 2-105　使用"魔棒工具"创建选区示例

图 2-106　"魔棒工具"选项栏

在如图 2-106 所示的"魔棒工具"选项栏中,包括"容差"和"连续"两个常用的选项,对"容差"和"连续"选项的讲解如下。

(1)"容差":用于确定所选像素的颜色范围。"容差"数值越大则选择的范围越大,反之越小。"容差"为 10 和"容差"为 32 的示例如图 2-107 所示。

"容差"为 10　　　　　　　　　　"容差"为 32

图 2-107　"容差"为 10 和"容差"为 32 的示例

(2)"连续":选中此复选框时,只选择使用相同颜色的邻近区域。否则,将会选择整个图像中使用相同颜色的所有像素。选中"连续"复选框和不选中"连续"复选框的示例如图 2-108 所示。

选中"连续"复选框　　　　　　　　不选中"连续"复选框

图 2-108　选中"连续"复选框和不选中"连续"复选框的示例

7. 快速选择工具

"快速选择工具" 是利用可调整的圆形画笔笔刷快速绘制选区。绘制选区时，选区会自动根据颜色相近的区域向外扩展。

在使用"快速选择工具"时，在其选项栏中不仅可以设置选区的绘制方式，如创建新选区、扩大选区和缩小选区，还可以更改笔刷的大小。"快速选择工具"选项栏如图 2-109 所示。

理论微课 2-20：
快速选择工具

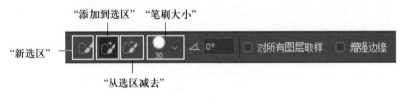

图 2-109 "快速选择工具"选项栏

在如图 2-109 所示的"快速选择工具"选项栏中，包括"新选区""添加到选区"等选项。

（1）"新选区"：可以绘制新选区。

（2）"添加到选区"：可以在当前选区内添加新选区。当绘制新选区后，会自动选中"添加到选区"，再次绘制选区时，新选区会自动添加到原选区。

（3）"从选区减去"：可以在当前选区内减去新选区。

（4）"笔刷大小"：可以设置笔刷的大小。

8. 选区的布尔运算

在数学中，可以通过加、减、乘、除进行数字的运算，同样，选区中也存在类似的运算，称这种运算为"布尔运算"。通过选区之间的布尔运算，使选区与选区之间可以进行相加、相减或相交，从而形成新的选区。

理论微课 2-21：
选区的布尔运算

选区之间的布尔运算有两种方式，分别是通过选项栏进行运算和通过"载入选区"对话框进行运算，对这两种运算方式的具体解释如下。

（1）通过选项栏进行运算

通过选项栏进行运算的方式适用于在一图层中多个选区之间的运算。"选区工具"选项栏的运算示例如图 2-110 所示。

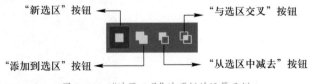

图 2-110 "选区工具"选项栏的运算示例

在同一图层上绘制选区后，单击选项栏中的按钮，即可对原选区进行操作。在 Photoshop 中，"选区工具"选项栏包含 4 个按钮，从左到右依次为"新选区""添加到选区""从选区中减去""与选区交叉"，具体如下。

①"新选区" 按钮：该按钮是所有选区工具默认的选择状态。单击"新选区"按钮后，如果画布中没有选区，则可以绘制一个新的选区。但是，如果画布中存在选区，则新绘制的选区会替换原有

的选区。

② "添加到选区" 按钮 ■：单击该按钮，可在原有选区的基础上添加新的选区。单击 "添加到选区" 按钮（或绘制选区时按住 Shift 键），依次绘制两个选区，若两个选区之间不存在交叉区域，两个选区同时保留；若两个选区之间存在交叉区域，则会形成叠加在一起的选区，添加到选区示例如图 2-111 所示。

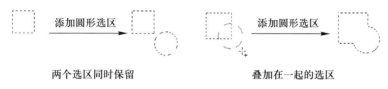

两个选区同时保留　　　　　　　　　　叠加在一起的选区

图 2-111　添加到选区示例

③ "从选区中减去" 按钮 ■：单击该按钮，可在原有选区的基础上减去新的选区。单击 "从选区中减去" 按钮（或绘制选区时按住 Alt 键），依次绘制两个选区，若两个选区之间没有交叉区域，那么绘制的第 2 个选区将消失；若两个选区之间有交叉区域，则第 2 个选区可作为橡皮擦除两个选区重叠部分的选区，从选区中减去示例如图 2-112 所示。

④ "与选区交叉" 按钮 ■：单击该按钮，可以保留两个选区相交的区域。单击 "与选区交叉" 按钮后（或绘制选区时按住 Alt+Shift 快捷键），画布中只保留原有选区与新绘制的选区相交的部分，与选区交叉示例如图 2-113 所示。

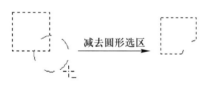

图 2-112　从选区中减去示例

图 2-113　与选区交叉示例

（2）通过 "载入选区" 对话框进行运算

通过 "载入选区" 对话框进行运算适用于不同图层中选区之间的布尔运算，在 Photoshop 中，选择 "选择" → "载入选区" 选项，打开 "载入选区" 对话框，如图 2-114 所示。

在如图 2-114 所示的 "载入选区" 对话框中包含 4 个选项，从上到下依次为 "新建选区" "添加到选区" "从选区中减去" "与选区交叉"，这 4 个选项的功能分别与 "选区工具" 选项栏中的 4 个按钮相对应。使用方法如下。

图 2-114　"载入选区" 对话框

① 选中一个图层，选择 "选择" → "载入选区" 选项，在打开的对话框中选择 "新建选区" 选项，单击 "确定" 按钮后载入选区，或按住 Ctrl 键的同时，单击 "图层" 面板中图层缩览图，载入选区。

② 选中另一个图层，选择 "选择" → "载入选区" 选项，在打开的对话框中选择对应选项，对两

个图层进行布尔运算。

9. 选区的编辑

在 Photoshop 中,绘制选区后,可以对选区进行编辑,包括修改选区边界、平滑选区、扩展选区、收缩选区、羽化选区、变换和变形选区。

理论微课 2-22:
选区的编辑

(1)修改选区边界

修改选区边界可以将选区边界分别向内部收缩和向外部扩展。收缩和扩展后的边界会形成一个环状选区。选择"选择"→"修改"→"边界"选项,打开"边界选区"对话框,如图 2-115 所示。

在如图 2-115 所示的"边界选区"对话框中,"宽度"用于定义选区扩展的像素值。例如,设置"宽度"为 4,则原选区会分别向内收缩、向外扩展 2 像素,从而形成环状选区。

打开素材"月亮.jpg",使用"椭圆选框工具"绘制一个正圆选区,正圆选区示例如图 2-116 所示。

选择"选择"→"修改"→"边界"选项,在打开的"边界选区"对话框中,设置"宽度"为 20 像素,此时,形成环状选区。环状选区示例如图 2-117 所示。

图 2-115　"边界选区"对话框　　　　图 2-116　正圆选区示例　　　　图 2-117　环状选区示例

(2)平滑选区

平滑选区可以使选区变得平滑。选择"选择"→"修改"→"平滑"选项,打开"平滑选区"对话框,如图 2-118 所示。

在如图 2-118 所示的"平滑选区"对话框中,包含"取样半径"和"应用画布边界的效果"两个选项,具体如下。

① "取样半径":用于定义平滑的半径,数值越大,选区越平滑。

图 2-118　"平滑选区"对话框

② "应用画布边界的效果":用于定义画布边界的选区样式。若画布外存在选区,在平滑选区时,选中"应用画布边缘效果"复选框,画布以外的选区会被平滑;不选中"应用画布边缘效果"复选框,画布以外的选区将消失。选中与不选中"应用画布边界的效果"复选框示例如图 2-119 所示。

(3)扩展选区

扩展选区可以将选区的范围扩大。选择"选择"→"修改"→"扩展"选项,会打开"扩展选区"对话框,如图 2-120 所示。

在如图 2-120 所示的"扩展选区"对话框中,"扩展量"用于定义扩展选区的范围,单击"确定"按钮,完成选区的扩展。例如,扩展选区前和拓展选区 10 像素后的效果如图 2-121 所示。

绘制选区

选区示例

选中"应用画布边界
的效果"复选框

不选中"应用画布边界
的效果"复选框

图 2-119　选中与不选中"应用画布边界的效果"复选框示例

图 2-120　"扩展选区"对话框

扩展选区前的效果

扩展选区10像素后的效果

图 2-121　扩展选区前和拓展选区 10 像素后的效果

（4）收缩选区

收缩选区与扩展选区相反，是将选区的范围缩小。选择"选择"→"修改"→"收缩"选项，会打开"收缩选区"对话框，如图 2-122 所示。

在如图 2-122 所示的"收缩选区"对话框中，"收缩量"用于定义收缩选区的范围。收缩选区前和收缩选区 10 像素后的效果如图 2-123 所示。

图 2-122　"收缩选区"对话框

收缩选区前的效果

收缩选区10像素后的效果

图 2-123　收缩选区前和收缩选区 10 像素后的效果

（5）羽化选区

羽化选区能够使选区周围像素虚化、模糊。选择"选择"→"修改"→"羽化"选项，会打开"羽化选区"对话框，如图 2-124 所示。

在如图 2-124 所示的"羽化选区"对话框中,"羽化半径"用于定义虚化、模糊的范围,数值越大,选区周围越虚化、模糊。羽化选区与未羽化选区示例如图 2-125 所示。

图 2-124 "羽化选区"对话框

图 2-125 羽化选区与未羽化选区示例

此外,在绘制选区前,在"选区工具"选项栏中,设置"羽化"值,也可以设置选区的羽化范围,在画布中绘制的选区即为虚化、模糊的选区。

需要注意的是,如果选区小,而羽化半径大,系统会弹出警告框,提示选区边缘不可见,警告框如图 2-126 所示。

单击图 2-126 警告框中的"确定"按钮,关闭警告框。此时,画布中看不到选区,但这并不意味着选区消失,可以继续进行操作,也可以减小羽化半径的数值,当显示选区后再继续进行操作。

(6)变换和变形选区

变换和变形选区是指调整选区的大小和样式,并不影响选区中的像素。选择"选择"→"变换选区"选项,选区四周会出现定界框,定界框如图 2-127 所示。

变换和变形选区的操作方法和图层的变换、变形操作方法一致,具体可参照图层的基础变换和图层的高级变换。

10. 吸管工具

在图像处理的过程中,经常需要从图像中获取某处的颜色,这时就需要用到"吸管工具" 。在工具栏中选择"吸管工具"(或按 I 键),将鼠标指针移动至文档窗口,当鼠标指针变为 ✎ 状时,单击鼠标左键,即可选取单击点处的颜色作为当前前景色,吸取颜色示例如图 2-128 所示。

理论微课 2-23:
吸管工具

图 2-126 警告框

图 2-127 定界框

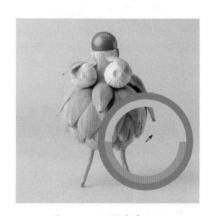

图 2-128 吸取颜色示例

若想将吸取的颜色作为当前背景色,那么在使用"吸管工具"时,按住 Alt 键单击鼠标左键,则可以将单击点处的颜色作为当前背景色。

■ 任务实现

根据任务分析思路,【任务 2-3】制作水晶球的具体实现步骤如下。

1. 制作背景

Step01:打开 Photoshop,选择"文件"→"打开"选项(或按 Ctrl+O 快捷键),在弹出的"打开"对话框中选择"背景.jpg"文档,"背景.jpg"如图 2-129 所示。

Step02:按 Shift+Ctrl+S 快捷键,以名称"【任务 2-3】水晶球.psd"将文档保存至指定文件夹内。

Step03:选择"套索工具" ,将鼠标指针放置在画布的下方,单击并拖曳鼠标,绘制选区,选区示例如图 2-130 所示。

Step04:按 Shift+Alt+Ctrl+N 快捷键新建图层,为新图层重命名为"雪地",为"雪地"图层填充白色,填充选区示例如图 2-131 所示。

图 2-129　"背景.jpg"

图 2-130　选区示例 3

图 2-131　填充选区示例

Step05:置入"下雪.png"素材,使用"移动工具" 调整素材的位置。素材大小和位置示例如图 2-132 所示。

Step06:选中除"背景"图层外的所有图层,按 Ctrl+G 快捷键为选中图层编组,为图层组重命名为"背景装饰"。

2. 制作球体

Step01:使用"椭圆选框工具"绘制一个正圆选区,正圆选区示例如图 2-133 所示。

Step02:按 Shift+Alt+Ctrl+N 快捷键新建图层,得到"图层 1",为"图层 1"填充白色。

Step03:按 Ctrl+J 快捷键复制"图层 1",得到"图层 1 拷贝",将"图层 1 拷贝"图层重命名为"圆形基准"。隐藏"圆形基准"图层。

Step04:选中"图层 1"图层,选择"选择"→"修改"→"收缩"选项,在打开的"收缩选区"对话框中设置"收缩量"为 1 像素,设置"收缩量"如图 2-134 所示。

图 2-132　素材大小和位置示例

图 2-133　正圆选区示例

图 2-134　设置"收缩量"

Step05：单击图 2-134 中的"确定"按钮收缩选区，按 Delete 键删除选区内像素，按 Ctrl+D 快捷键取消选择，得到圆形线，圆形线示例如图 2-135 所示。

Step06：选中所有圆形所在的图层（包含隐藏的"图形基准"图层），将其移动至合适的位置，按住 Ctrl 键的同时，单击"圆形基准"图层的缩览图，载入选区。

Step07：选择"选择"→"变换选区"选项，调出定界框，按住 Alt 键，向内拖曳定界框角点，如图 2-136 所示。

图 2-135　圆形线示例

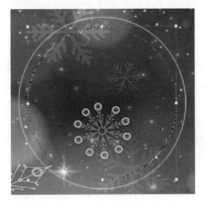

图 2-136　向内拖曳定界框角点

Step08：按 Enter 键确定变换，选择"选择"→"修改"→"羽化"选项（或按 Shift+F6 快捷键），在打开的"羽化选区"对话框中设置"羽化半径"为 25 像素。"羽化选区"对话框如图 2-137 所示。

Step09：新建图层，得到"图层 2"，为"图层 2"填充白色。填充"图层 2"示例如图 2-138 所示。

Step10：再次变换选区，变换选区示例如图 2-139 所示。

Step11：按 Delete 键删除选区内像素，按 Ctrl+D 快捷键取消选择，将"图层 2"重命名为"水晶球反光"。水晶球反光示例如图 2-140 所示。

Step12：将"圆形基准"载入选区，新建图层，得到"图层 2"，将"图层 2"填充为白色。移动选区至图 2-141 所示的位置。

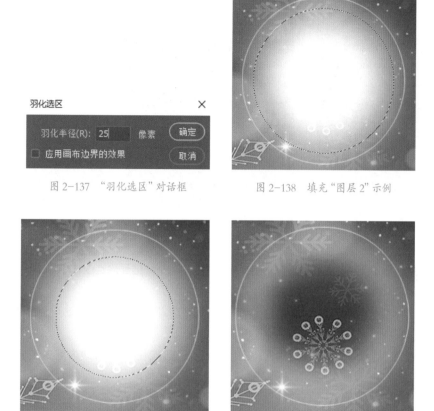

图 2-137　"羽化选区"对话框　　　　图 2-138　填充"图层 2"示例

图 2-139　变换选区示例　　　　图 2-140　水晶球反光示例

Step13：将选区羽化 10 像素按 Delete 键删除选区中的像素，按 Ctrl+D 快捷键取消选择，删除选区中的像素示例如图 2-142 所示。

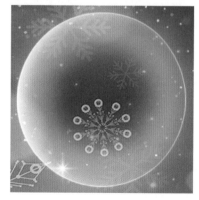

图 2-141　移动选区示例　　　　图 2-142　删除选区中的像素示例

Step14：选择"橡皮擦工具"，设置"硬度"为 0%，"不透明度"为 47%，在"图层 2"中擦除如图 2-143 所示的区域。

Step15：将"圆形基准"载入选区，变换选区，如图 2-144 所示。

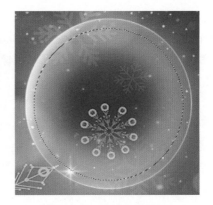

图 2-143 擦除示例	图 2-144 变换选区示例

Step16：按 Enter 键确认变换，将选区羽化为 2 像素。

Step17：新建图层，得到"图层 3"，将"图层 3"重命名为"高光"，并填充为白色。

Step18：向下移动选区，如图 2-145 所示。

Step19：删除图 2-145 中选区内像素，如图 2-146 所示。

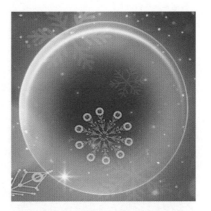

图 2-145 移动选区示例	图 2-146 删除选区内像素示例

Step20：使用"橡皮擦工具"擦除图 2-147 中的区域，擦除后的效果示例如图 2-148 所示。

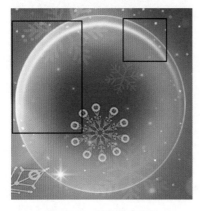
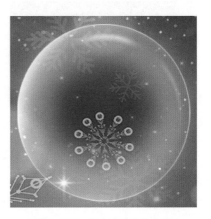

图 2-147 擦除区域示例	图 2-148 擦除后的效果示例

Step21：将"圆形基准"图层载入选区，按 Shift+Ctrl+I 快捷键进行反选，选择"水晶球反光"图层，按 Delete 键删除多余像素，接着使用"橡皮擦工具"擦除图层中的像素，擦除后的效果如图 2-149 所示。

Step22：选择除"背景"图层和"圆形基准"图层外的所有图层(不包含图层组)，按 Ctrl+G 快捷键，将选中图层编组，并将图层组重命名为"球体"。

3. 制作底座

Step01：新建图层，得到"图层 3"，绘制椭圆选区，椭圆选区示例如图 2-150 所示。

图 2-149　擦除后的效果

Step02：使用"吸管工具" 在背景中吸取蓝色，按 Alt+Delete 快捷键填充前景色，取消选择。填充前景色示例如图 2-151 所示。

Step03：继续绘制椭圆选区，如图 2-152 所示。

Step04：在"椭圆选框工具"选项栏中单击"从选区减去"按钮，在如图 2-152 所示的椭圆选区上方绘制椭圆选区，绘制选区示例如图 2-153 所示。

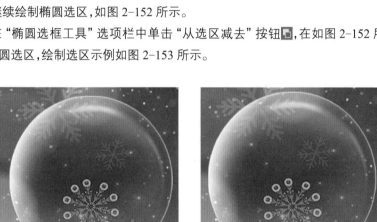

图 2-150　椭圆选区示例　　　　　　图 2-151　填充前景色示例

图 2-152　继续绘制椭圆选区　　　　图 2-153　绘制选区示例

Step05：为新选区羽化 2 像素，新建图层，得到"图层 4"，填充为白色，作为底座的高光，取消选择。底座高光示例如图 2-154 所示。

Step06：为"图层 3"和"图层 4"图层编组，将组重命名为"底座"。将"底座"放置在球体的后方。

4. 添加装饰

Step01:置入"树.png""雪人.png""雪花.png"和"雪挂.png"素材,将其放置在"球体"图层组的下方,缩小并调整位置,调整图层位置及大小示例如图 2-155 所示。

图 2-154　底座高光示例　　　　　图 2-155　调整图层位置及大小示例

Step02:为除背景外的所有图层和图层组编组,将图层组重命名为"水晶球"。

Step03:置入"文案.png"素材,调整"文案.png"素材的位置。

至此,水晶球制作完成。

项目总结

项目 2 包括 3 个任务,其中【任务 2-1】的目的是让读者能够了解图层的概念和分类,并掌握图层的基本操作和图层的变换,完成此任务,读者能够制作果蔬自行车。【任务 2-2】的目的是让读者掌握基本选区工具的使用方法以及选区的基本操作,完成此任务,读者能够制作几何海报。【任务 2-3】的目的是让读者掌握一些常用选区工具的使用,以及选区的进阶操作,完成此任务,读者能够制作水晶球。

同步训练:制作套环效果

学习完前面的内容,接下来请根据要求完成作业。

要求:请结合前面所学知识,根据提供的素材,制作套环效果。套环效果如图 2-156 所示。

图 2-156　套环效果

项目3

利用钢笔工具和形状工具
绘制路径和形状

- ◆ 掌握路径的相关操作，能够完成女鞋促销图的制作。
- ◆ 掌握形状的相关操作，能够完成浏览器图标的制作。

　　在 Photoshop 中，使用钢笔工具和形状工具能够绘制路径和形状。本项目将通过制作女鞋促销图和浏览器图标两个任务，详细讲解钢笔工具和形状工具的使用方法。

PPT：项目 3　利用钢笔工具和
形状工具绘制路径和形状

教学设计：项目 3　利用钢笔工具和
形状工具绘制路径和形状

<table>
<tr><td>任务 3-1</td><td>制作女鞋促销图</td></tr>
</table>

在 Photoshop 中,利用钢笔工具可以绘制自由路径,还可以通过将路径转换为选区,对图像中的指定区域进行抠图。本任务将制作一个女鞋促销图,通过本任务的学习,读者能够掌握路径的相关操作。女鞋促销图效果如图 3-1 所示。

图 3-1　女鞋促销图效果

实操微课 3-1:
任务 3-1　女鞋
促销图

■ 任务目标

知识目标	● 熟悉路径和锚点的概念,能够区分路径和锚点
技能目标	● 掌握"钢笔工具"的使用方法,能够绘制自由路径 ● 熟悉"弯度钢笔工具"的使用方法,能够绘制圆滑的路径 ● 熟悉"内容识别描摹笔工具"的使用方法,能够沿图像轮廓创建路径 ● 掌握路径的操作,能够完成选择路径、调整路径等操作 ● 掌握选区与路径相互转换的方法,能够完成路径与选区的相互转换 ● 掌握"缩放工具"的使用方法,能够查看图像中的细节 ● 掌握"抓手工具"的使用方法,能够查看文档窗口中图像的隐藏区域

■ 任务分析

在制作本任务时,可以按照以下步骤完成女鞋促销图的制作。

1. 在 Photoshop 中同时打开背景和女鞋所在文档。
2. 使用"钢笔工具"沿女鞋的轮廓绘制路径。
3. 将绘制的路径转换为选区。
4. 使用"移动工具"将女鞋拖曳至背景所在的文档窗口中。
5. 置入文案素材。

■ 知识储备

1. 路径和锚点

使用钢笔工具或形状工具绘制路径或形状时所产生的线段被称为路径。锚点是指路径上用于标记关键位置的转折点,分为角点和平滑点两类。如果锚点是角点,那么路径被连接成带有棱角的折线;如果锚点是平滑点,那么路径被连接成一条光滑的曲线。角点和平滑点示例如图 3-2 所示。

理论微课 3-1:
路径和锚点

在图 3-2 中,可以看到,在平滑点上有一个手柄,称这个手柄为方向线,方向线由一条线段和两个端点构成。方向线影响路径的走向,调整方向线时,路径的形态会发生改变,调整方向线示例如图 3-3 所示。

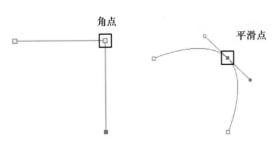

图 3-2　角点和平滑点示例

图 3-3　调整方向线示例

2. 钢笔工具

"钢笔工具" 🖊 用于绘制自由路径。使用 "钢笔工具" 绘制路径时,既可以绘制直线路径,也可以绘制曲线路径,使用 "钢笔工具" 绘制路径的方法如下。

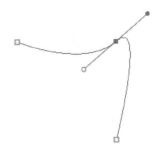

理论微课 3-2:
钢笔工具

(1) 绘制直线路径:选择 "钢笔工具",在画布的任意位置单击,可在单击点位置创建角点,继续单击鼠标,两个角点之间会形成一条直线路径,绘制直线路径示例如图 3-4 所示。

(2) 绘制曲线路径:选择 "钢笔工具",在画布的任意位置单击并拖曳鼠标,可在单击点位置创建平滑点,继续单击并拖曳鼠标,可以再次创建平滑点,两个平滑点之间会形成一条曲线路径。绘制曲线路径示例如图 3-5 所示。

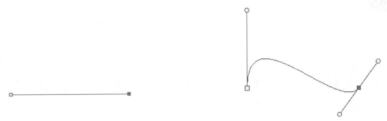

图 3-4　绘制直线路径示例

图 3-5　绘制曲线路径示例

在使用 "钢笔工具" 绘制路径时,有一些实用的小技巧,具体如下。

(1) 按住 Shift 键不放,可绘制水平路径、垂直路径、45° 或 45° 倍数的路径。

(2) 绘制路径时,按住 Ctrl 键不放并拖曳锚点,会改变锚点的位置。

(3) 绘制路径时,起点和终点重合,可以绘制闭合路径。

(4) 闭合路径前按住 Ctrl 或 Alt+Ctrl 键单击画布的任意位置,可以得到开放路径。

(5) 按住 Alt 键不放,单击平滑点,可以将平滑点转换为角点;单击并拖曳角点,可以将角点转换为平滑点;拖曳方向线某一侧的端点 可以改变该侧方向线的方向。

另外,在 "钢笔工具" 选项栏中设置工具模式后,"钢笔工具" 不仅可以绘制路径,还可以绘制像素和形状。

下面以绘制心形为例,演示 "钢笔工具" 的使用方法。

Step01:新建一个 400 像素 ×400 像素的文档。

Step02:选择 "钢笔工具" 🖊,在画布上单击并拖曳鼠标,绘制第 1 个平滑点,如图 3-6 所示。

Step03:按住 Alt 键的同时,拖曳图 3-6 中方向线两侧的端点至图 3-7 所示的样式。

图 3-6　第 1 个平滑点示例　　　　　　　图 3-7　拖曳方向线两侧的端点示例

Step04：在第 1 个平滑点的正下方绘制第 2 个平滑点，如图 3-8 所示。

Step05：按住 Alt 键的同时，改变图 3-8 中第 2 个平滑点的方向线，改变后的方向线示例如图 3-9 所示。

Step06：将鼠标指针移动至第一个平滑点处单击，闭合路径，心形示例如图 3-10 所示。

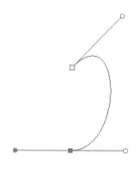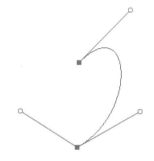

图 3-8　第 2 个平滑点示例　　　　图 3-9　改变后的方向线示例　　　　图 3-10　心形示例

至此，心形绘制完成。

3. 弯度钢笔工具

"弯度钢笔工具" 可以绘制曲线路径，用于绘制比较圆滑的路径或形状。使用"弯度钢笔工具"绘制路径或形状的步骤如下。

（1）选择"弯度钢笔工具"。

（2）在画布上单击，确定第 1 个锚点。

（3）在第 1 个锚点附近单击，确定第 2 个锚点，此时，两个锚点之间形成一条直线路径。

（4）将鼠标指针放在直线路径上并单击，确定第 3 个锚点。

（5）拖曳第 3 个锚点，确定曲线的弧度。

使用"弯度钢笔工具"绘制路径示例如图 3-11 所示。

理论微课 3-3：弯度钢笔工具

确定第1个锚点　　　　确定第2个锚点　　　　确定第3个锚点　　　拖曳锚点确定弧线

图 3-11　使用"弯度钢笔工具"绘制路径示例

4. 内容识别描摹笔工具

使用"内容识别描摹笔工具" 可以对图像进行描摹,即自动识别图像的边缘,沿图像的边缘自动创建路径或形状。使用"内容识别描摹笔工具"创建路径的步骤如下。

理论微课 3-4:
内容识别描摹笔
工具

（1）选择"内容识别描摹笔工具"。

（2）将鼠标指针悬停在图像边缘。

（3）待图像边缘高亮显示,单击高亮区域,创建路径。

使用"内容识别描摹笔工具"创建路径示例如图 3-12 所示。

原图像　　　　　鼠标指针悬浮在图像边缘　　　　　单击高亮区域创建路径

图 3-12　使用"内容识别描摹笔工具"创建路径示例

在使用"内容识别描摹笔工具"创建路径的过程中,每单击 1 次,可创建一条独立路径。在使用该工具时有两个小技巧,具体如下。

（1）添加新路径到当前路径:若想将新路径添加到当前路径中,需要按住 Shift 键,单击图像边缘,此时,可将路径添加到当前路径中。

（2）删除当前路径:若想删除路径,按 Alt 键单击路径能够删除路径。

在"内容识别描摹笔工具"选项栏中,设置工具模式为"形状"时,使用"内容识别描摹笔工具"可以根据图像的边缘创建形状。

5. 路径的操作

在 Photoshop 中绘制路径后,经常需要对路径进行操作,以便得到更加完美的效果。路径的操作包括选择路径、调整路径、填充与描边路径、隐藏与显示路径、复制路径、开放与闭合路径,以及删除路径,以下介绍路径的操作。

（1）选择路径

选择路径的工具是"路径选择工具" ,选择该工具并在路径上单击,即可选中路径和路径上的所有锚点,选择路径示例如图 3-13 所示。

选择路径后,拖曳路径,可随意移动路径的位置。在画布的空白区域单击,可以取消选择路径。

（2）调整路径

调整路径是指改变路径的走向,调整路径的方法包括选中并移动锚点和调整方向线两种,具体如下。

① 选中并移动锚点：选中并移动锚点的工具是"直接选择工具" 。选择
"直接选择工具"，单击路径中的一个锚点，可以选中该锚点；按住 Alt 键的同时，
单击路径可以选择路径上的所有锚点。被选中的锚点为实心方块，未选中的锚
点为空心方块，选中和未选中的锚点示例如图 3-14 所示。

理论微课 3-5：
路径的操作

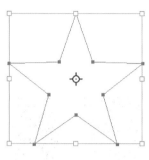

图 3-13　选择路径示例

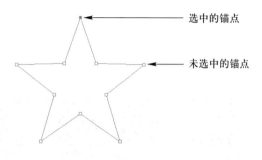

选中的锚点

未选中的锚点

图 3-14　选中和未选中的锚点示例

拖曳锚点移动锚点的位置，能够调整路径。在调整形状工具绘制的路径时，系统会弹出提示框，
如图 3-15 所示。

如图 3-15 所示的提示框提示"此操作会将实时形状转变为常规路径。是否继续？"单击"是"
按钮即可确认调整，单击"否"按钮，则会取消对路径的调整。调整路径示例如图 3-16 所示。

图 3-15　系统提示框

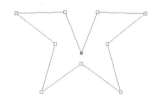

图 3-16　调整路径示例

选中锚点后，按→←↑↓等方向键可以以 1 像素的距离为基准移动锚点，按住 Shift 键的同时，
按方向键可以以 10 像素的距离为基准移动锚点。

值得一提的是，将鼠标指针放置在路径上，或使用"添加锚点工具" 在路径上单击，可以在鼠
标指针所在位置添加锚点；将鼠标指针放置在锚点上，或使用"删除锚点工具" 在锚点上单击，可
以在鼠标指针所在位置删除锚点。

② 调整方向线：使用"直接选择工具"选中锚点后，拖曳方向线两侧的端点 ，可以改变锚点连
接的两条线段；按住 Alt 键拖曳方向线某一侧端点 ，可以单独调整该侧方向线的方向。

（3）填充与描边路径

获取路径后，可以对路径进行填充和描边，对填充路径和描边路径的具体操作如下。

① 填充路径：在路径上右击，在弹出的菜单中选择"填充路径"选项，会打开"填充路径"对话
框，如图 3-17 所示。

在如图 3-17 所示的"填充路径"对话框中可以设置填充的内容、不透明度等，单击"确定"按
钮，完成路径的填充。

② 描边路径：在路径上右击，在弹出的菜单中选择"描边路径"选项，会打开"描边路径"对话
框，如图 3-18 所示。

图 3-17 "填充路径"对话框   图 3-18 "描边路径"对话框

在如图 3-18 所示的"描边路径"对话框中可以选择用于描边的工具,如铅笔、画笔等。

（4）隐藏与显示路径

选择"视图"→"显示"→"目标路径"选项（或按 Shift+Ctrl+H 快捷键）可以将路径隐藏。再次选择"视图"→"显示"→"目标路径"选项（或按 Shift+Ctrl+H 快捷键）可以显示路径。

（5）复制路径

使用"路径选择工具" ，按住 Alt 键的同时拖曳路径,可以复制路径,得到两个相同的路径。

（6）开放与闭合路径

使用"直接选择工具"选择锚点,按 Delete 键可以删除锚点,删除锚点后,以该锚点为转折点的路径会断开,成为开放的路径,闭合的路径和开放的路径示例如图 3-19 所示。

若想重新连接锚点,使路径闭合,可以使用"钢笔工具"单击路径的其中一个端点,再单击另一端点,此时,两个锚点连接,路径闭合。

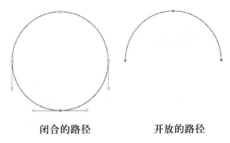

闭合的路径   开放的路径

图 3-19 闭合的路径和开放的路径示例

（7）删除路径

删除路径有两种方式,包括删除部分路径和删除整个路径,具体如下。

① 删除部分路径:选中锚点,按 Delete 键,可以删除锚点所连接的路径。

② 删除整个路径:选中路径,按 Delete 键,可以删除选中路径。

6. 选区与路径相互转换

在实际操作中,经常需要将选区和路径相互转换,以满足不同需求。以下介绍选区与路径相互转换的方法。

（1）选区转换为路径

在 Photoshop 中,绘制选区的方法要比创建路径的方法多,所以在很多情况下,可以先创建选区,再将选区转换为路径进行编辑。绘制选区后,使用选区工具右击选区,会弹出选区的快捷菜单,如图 3-20 所示。

在如图3-20所示的选区的快捷菜单中,选择"建立工作路径"选项,会打开"建立工作路径"对话框,如图3-21所示。

在如图3-21所示的"建立工作路径"对话框中,"容差"用于设置锚点的数量,数值范围是0.5~10像素,数值越高,锚点越少;数值越低,锚点越多。设置"容差"后,单击"确定"按钮即可将选区转换为路径。将选区转换为路径示例如图3-22所示。

（2）路径转换为选区

将路径转换为选区通常用于抠出背景复杂的图像。绘制路径后,使用绘制路径的工具右击路径,会弹出路径的快捷菜单,如图3-23所示。

理论微课3-6:
选区与路径
相互转换

图3-20　选区的快捷菜单

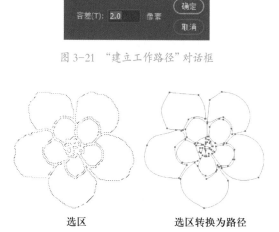

图3-21　"建立工作路径"对话框

选区　　　　选区转换为路径

图3-22　将选区转换为路径示例

图3-23　路径的快捷菜单

在如图3-23所示的路径快捷菜单中,选择"建立选区"选项,此时,会打开"建立选区"对话框,如图3-24所示。

在如图3-24所示的"建立选区"对话框中,"羽化半径"用于设置选区的羽化程度,数值越大,羽化程度越高,反之则越低。单击"确定"按钮可以将路径转化为选区。

另外,按Ctrl+Enter快捷键可以直接将路径转换为选区。

图3-24　"建立选区"对话框

7. 缩放工具

在Photoshop中编辑图像时,为了查看图像中的细节,经常需要对图像进行放大,这时就需要用到"缩放工具"🔍。通过"缩放工具"既可以放大图像,也可以缩小图像。"缩放工具"的使用方法如下。

（1）放大图像:选择"缩放工具"（或按Z键）,当鼠标指针变为🔍时,单击图像,可以放大图像到下一个预设百分比。

（2）缩小图像:选择"缩放工具",按住Alt键,当鼠标指针变为🔍时,单击图像,可以缩小图像到下一个预设百分比。

理论微课3-7:
缩放工具

图像放大缩小示例如图 3-25 所示。

原图像　　　　　　　　　　图像放大(局部图)　　　　　　　　　图像缩小

图 3-25　图像放大缩小示例

使用"缩放工具"时,有一些缩放图像的小技巧,具体如下。

(1)按"Ctrl+加号"快捷键,能以既定的比例快速放大图像。

(2)按"Ctrl+减号"快捷键,能以既定的比例快速缩小图像。

(3)按 Ctrl+1 快捷键,能以实际像素(即 100% 的比例)显示图像。

(4)按 Ctrl+0 快捷键,能以适合屏幕的尺寸显示图像。

(5)选择"缩放工具"后,按住鼠标左键不放,在文档窗口中拖曳,可以以框选的区域为中心进行放大。

8. 抓手工具

当文档窗口中不能显示全部图像时,文档窗口中将自动出现垂直或水平滚动条。如果要查看图像的隐藏区域,可以通过拖曳滚动条进行查看。但使用滚动条查看图像的隐藏区域时,拖曳滚动条这个操作会显得较为麻烦,此时,可以使用"抓手工具" 移动画布,以显示图像的隐藏区域。

理论微课 3-8:
抓手工具

选择"抓手工具"(或按 H 键),当鼠标指针变成 时,按住鼠标左键不放并拖曳画布,可以在文档窗口中显示图像的隐藏区域,使用"抓手工具"显示图像的隐藏区域示例如图 3-26 所示。

拖曳前　　　　　　　　　　　　　　拖曳后

图 3-26　使用"抓手工具"显示图像的隐藏区域示例

在使用其他工具时,按住空格键不放,当鼠标指针变成 时,可以将当前工具暂时切换至"抓手工具"。释放空格键,可以切换回原工具的使用状态。

■ 任务实现

根据任务分析思路,【任务 3-1】制作女鞋促销图的具体实现步骤如下。

Step01:依次打开素材图像"鞋子.jpg"和"背景.jpg",如图 3-27 和图 3-28 所示。

Step02：在"鞋子.jpg"文档窗口中,选择"钢笔工具" ⬧,在其选项栏中设置工具模式为"路径"。选择"缩放工具" ⬧,在画布中单击鼠标,放大图像的显示比例,放大图像的局部示例如图 3-29 所示。

图 3-27　素材图像"鞋子.jpg"

图 3-28　素材图像"背景.jpg"

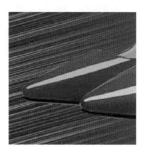
图 3-29　放大图像的局部示例

Step03：将鼠标指针移至鞋子边缘,单击鼠标,确定第 1 个锚点,如图 3-30 所示。

Step04：在第 1 个锚点附近单击并拖曳鼠标,创建平滑点,两个锚点之间会形成一条曲线路径,如图 3-31 所示。

Step05：选择"直接选择工具" ⬧,拖曳平滑点的方向线,调整路径,使路径紧贴鞋子的边缘,调整路径示例如图 3-32 所示。

图 3-30　确定第 1 个锚点

图 3-31　曲线路径

图 3-32　调整路径示例

Step06：按住 Alt 键的同时,拖曳平滑点右侧的方向线至图 3-33 所示样式。

Step07：按照上述创建和调整路径的方法,沿着鞋子的轮廓绘制路径。路径绘制完成效果示例如图 3-34 所示。

图 3-33　拖曳平滑点方向线示例

图 3-34　路径绘制完成效果示例

Step08：使用"钢笔工具"右击路径,在弹出的菜单中选择"建立选区"选项,打开"建立选区"对话框,如图 3-35 所示。

Step09：在如图 3-35 所示的"建立选区"对话框中,设置"羽化半径"为 2 像素,单击"确定"按钮,将路径转换为选区,选区示例如图 3-36 所示。

图 3-35 "建立选区"对话框

图 3-36 选区示例 4

Step10：按 Shift+Ctrl+I 快捷键反选图像。

Step11：使用"移动工具" ⊕，将选区中的鞋子拖曳至"背景.jpg"文档窗口中，将得到的图层命名为"鞋子"，并转换为智能对象，"鞋子"示例如图 3-37 所示。

Step12：按 Shift+Ctrl+S 快捷键，以名称"【任务 3-1】女鞋促销图.psd"，将文档保存至指定文件夹内。

Step13：按 Ctrl+T 快捷键调出定界框，调整鞋子至图 3-38 所示大小。

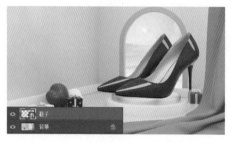

图 3-37 "鞋子"示例

图 3-38 调整鞋子大小

Step14：按 Enter 键确认自由变换。

Step15：置入素材"文案.png"，调整文案的大小和位置。

至此，女鞋促销图制作完成。

任务 3-2 制作浏览器图标

在 Photoshop 中，通过形状工具和形状的布尔运算，能够绘制各种几何形状。本任务将制作浏览器图标，通过本任务的学习，读者能够掌握形状的相关操作。浏览器图标效果如图 3-39 所示。

图 3-39 浏览器图标效果

实操微课 3-2：
任务 3-2 浏览器
图标

■ 任务目标

技能目标	● 掌握"矩形工具"的使用方法,能够绘制指定大小的矩形 ● 熟悉其他形状工具的使用方法,能够绘制圆角矩形、椭圆形、三角形 ● 掌握精确调整形状外观的方法,能够在"属性"面板中设置形状参数 ● 掌握形状的布尔运算,能够对形状进行相加、相减、相交等操作

■ 任务分析

在制作本任务时,可以按照以下思路完成浏览器图标的制作。

1. 绘制基本图形

浏览器图标中的图案是对形状进行布尔运算得来的,在进行布尔运算前,可以先把基本图形绘制出来。具体步骤如下。

(1)绘制正圆形。

(2)复制正圆形,将大小设置为原正圆形的 70%。

(3)对齐各个图层。

2. 绘制图案

将图案逐一进行布尔运算,得到浏览器图标中的其中一部分。

3. 拼合浏览器图标

复制图案,拼合成浏览器图标。

■ 知识储备

1. 矩形工具

使用"矩形工具"可以绘制长方形或正方形。选择"矩形工具" ▣ 在画布中单击并拖曳鼠标,能够绘制矩形。矩形示例如图 3-40 所示。

观察图 3-40 可以看出,矩形内有 4 个 ◉ 图标,将鼠标指针悬停在 ◉ 图标上,当鼠标指针变成 ↳ 时,单击并拖曳鼠标,可以改变矩形 4 个角的圆滑度,此时,该矩形变为圆角矩形,圆角矩形示例如图 3-41 所示。

理论微课 3-9:
矩形工具

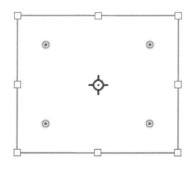

图 3-40 矩形示例

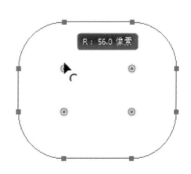

图 3-41 圆角矩形示例

使用"矩形工具"绘制矩形时,有一些小技巧,具体如下。

（1）按住 Shift 键的同时拖曳鼠标,可创建一个正方形。

（2）按住 Alt 键的同时拖曳鼠标,可创建一个以单击点为中心的矩形。

（3）按住 Alt+Shift 快捷键的同时拖曳鼠标,可创建一个以单击点为中心的正方形。

（4）选中"矩形工具"后,在画布中单击,会打开"创建矩形"对话框,在"创建矩形"对话框中,可自定义矩形的宽度、高度和位置,如图 3-42 所示。

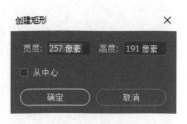

图 3-42　"创建矩形"对话框

"矩形工具"选项栏如图 3-43 所示,具体如下。

图 3-43　"矩形工具"选项栏

（1）"选择工具模式"

用于设置工具模式,单击可弹出"工具模式"下拉列表,如图 3-44 所示。

工具模式下拉列表中包括"形状""路径"和"像素"3 个选项,用于定义不同的工具模式,具体如下。

① 选择"形状"选项时,可以绘制规则形状。

② 选择"路径"选项时,可以绘制规则路径。

③ 选择"像素"选项时,可以绘制位图像素,而不是矢量图形。

（2）"设置填充类型"

用于设置填充类型,单击可弹出"填充类型"下拉面板,如图 3-45 所示。

图 3-44　"工具模式"下拉列表　　　图 3-45　"填充类型"下拉面板

"填充类型"下拉面板中包括"无颜色""纯色""渐变""图案"和拾色器"5 个按钮,具体说明如下。

① 单击"无颜色"按钮时,形状内无颜色填充。

② 单击"纯色"按钮时,可为形状填充纯色。

③ 单击"渐变"按钮时,可为形状填充渐变颜色。

④ 单击"图案"按钮时,可为形状填充图案。

⑤ 单击"拾色器"按钮时,可弹出拾色器,在拾色器中可自定义形状颜色。

在"填充类型"下拉面板中,"纯色""渐变"和"图案"3 个按钮所包含的面板内容不同,如图 3-46 所示。

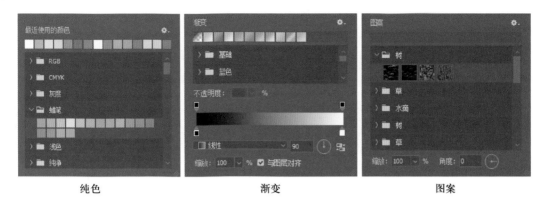

纯色　　　　　　　　　　渐变　　　　　　　　　　图案

图 3-46　不同填充类型的下拉面板

由图 3-46 可知,在"填充类型"下拉面板中,包括系统预设好的颜色及图案,可以在"填充类型"下拉面板中选择系统定义好的预设进行填充。

（3）"设置描边类型"

用于设置描边类型,单击可弹出"描边类型"下拉面板,与"填充类型"下拉面板类似,具体可参见设置填充类型。

（4）"描边宽度"

用于设置描边的粗细,数值越大,描边越粗。

（5）"描边样式"

用于设置描边、端点及角点的类型,单击可弹出"描边选项"下拉面板,如图 3-47 所示。

在如图 3-47 所示的"描边选项"下拉面板中,可以选择描边样式。单击"更多选项"按钮,会打开"描边"对话框,如图 3-48 所示。

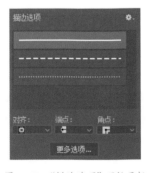

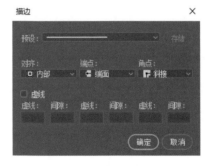

图 3-47　"描边选项"下拉面板　　　　图 3-48　"描边"对话框

在如图 3-48 所示的"描边"对话框中,可以更详细地设置描边样式,并对描边样式进行储存。

（6）"形状宽度"

用于设置形状的水平直径。

（7）"链接宽高"

用于保持形状的长宽比。例如,单击"链接宽高"按钮,更改形状宽度时,高度会根据比例自动进行调整。

（8）"形状高度"

用于设置形状的垂直直径。

（9）"路径操作"

用于对形状进行布尔运算。

（10）"形状对齐方式"

用于对齐和分布形状,单击会弹出对齐和分布选项,如图 3-49 所示。

当一个图层中包含多个形状时,可利用"形状对齐方式"按钮对齐和分布图层中的形状,与对齐和分布图层的操作方法类似。

（11）"形状排列方式"

用于设置形状的排列顺序,单击该按钮会弹出"排列顺序选项"下拉列表,如图 3-50 所示。

当一个图层中包含多个形状时,可以对形状的顺序进行调整,与排列图层的操作方法类似。

2. 其他形状工具

在形状工具组中,除了"矩形工具"外,还有"圆角矩形工具""椭圆工具"等多种形状工具,形状工具组如图 3-51 所示。

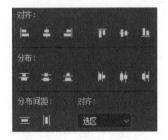

图 3-49　对齐和分布选项

图 3-50　"排列顺序选项"下拉列表

图 3-51　形状工具组

绘制形状的方法基本相同,但是设置的参数不尽相同,对形状工具组中其他形状工具的具体如下。

（1）"圆角矩形工具"

"圆角矩形工具"■用于绘制具有圆滑拐角的矩形。使用"圆角矩形工具"之前,需要先在"圆角矩形工具"选项栏中设置"半径"。"半径"用于设置拐角的平滑程度,数值越大,拐角越圆滑。"圆角矩形工具"选项栏如图 3-52 所示。

理论微课 3-10:
其他形状工具

图 3-52　"圆角矩形工具"选项栏

使用"圆角矩形工具"绘制不同"半径"的圆角矩形示例如图 3-53 所示。

在绘制完圆角矩形后,通过拖曳圆角矩形中的◉ 图标可以更直观地调整圆角矩形的"半径"。

（2）椭圆工具

"椭圆工具"◉用于绘制正圆或椭圆。绘制椭圆示例如图 3-54 所示。

（3）三角型工具

"三角型工具"▲用于绘制三角形,绘制三角形示例如图 3-55 所示。

"半径"为0像素　　　　　　"半径"为10像素　　　　　　"半径"为30像素

图 3-53　绘制不同"半径"的圆角矩形示例

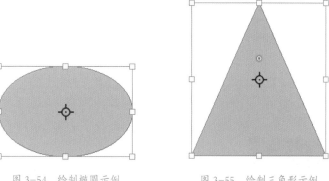

图 3-54　绘制椭圆示例　　　　　图 3-55　绘制三角形示例

图 3-55 中的三角形中也包含一个 ◎ 图标,用于设置拐角的平滑程度。

（4）多边形工具

"多边形工具" ◎ 用于绘制多边形,在"多边形工具"选项栏中,可以设置多边形的边数,"多边形工具"选项栏如图 3-56 所示。

图 3-56　"多边形工具"选项栏

例如,设置边数为 5,绘制多边形示例如图 3-57 所示。

拖曳多边形中的 ◎ 图标,可以设置拐角的平滑程度。

（5）直线工具

"直线工具" ╱ 用于绘制直线,在绘制直线之前,需要在"直线工具"选项栏中设置直线的宽度。"直线工具"选项栏如图 3-58 所示。

在"直线工具"选项栏中,"粗细"用于设置所绘制直线的宽度。在实际操作中,建议先设置"粗细",再绘制直线。此外,单击"直线工具"选项栏中的 ✿ 按钮,会弹出如图 3-59 所示的"路径选项"下拉面板。

图 3-57　绘制多边形示例

图 3-58　"直线工具"选项栏

在如图 3-59 所示的下拉面板中，包含"粗细""颜色""起点"等选项，各选项的具体说明如下。

①"粗细"：用于设置路径的宽度，并非直线的宽度。

②"颜色"：用于设置路径的颜色，并非直线的颜色。

③"起点"和"终点"：选中"起点"或"终点"复选框，可在直线的"起点"或"终点"位置添加箭头。

④ 宽度：用于设置箭头的宽度与直线宽度的百分比，范围为 10%~1000%。

⑤ 长度：用于设置箭头的长度与直线宽度的百分比，范围为 10%~1000%。

⑥ 凹度：用于设置箭头的凹陷程度，范围为 -50%~50%。该值为 0% 时，箭头尾部平齐；大于 0% 时，向内凹陷；小于 0% 时，向外突出。

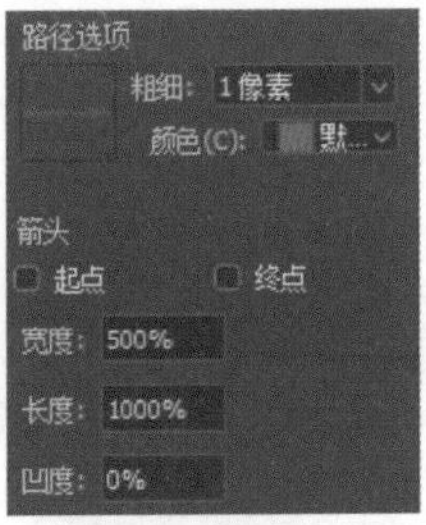

图 3-59　"路径选项"下拉面板

在绘制直线时，按住 Shift 键不放，可沿水平、垂直或 45° 倍数方向绘制直线。

（6）自定形状工具

在 Photoshop 中，使用"自定形状工具"  可以绘制特殊形状。在绘制特殊形状前，需要在"自定形状工具"选项栏中选择特殊形状。"自定形状工具"选项栏如图 3-60 所示。

图 3-60　"自定形状工具"选项栏

在"自定形状工具"选项栏中，单击"形状"选项，会弹出"自定形状选项"面板，如图 3-61 所示。

在如图 3-61 所示的"自定形状选项"面板中预设了许多常用的特殊形状，这些特殊形状分别被归类在不同的文件夹中，展开文件夹，选择特殊形状进行绘制即可。绘制特殊形状示例如图 3-62 所示。

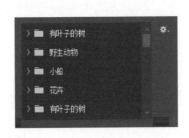

图 3-61　"自定形状选项"面板

图 3-62　绘制特殊形状示例

在 Photoshop 中，可以将路径或形状定义为自定形状。使用"路径选择工具"，右击路径或形状，在弹出的菜单中选择"定义自定形状"选项，打开"形状名称"对话框，如图 3-63 所示。

在如图 3-63 所示的"形状名称"对话框中输入形状名称，单击"确定"按钮，即可将路径或形状定义为自定形状。

图 3-63　"形状名称"对话框

多学一招 载入旧版自定形状

Photoshop 2021 中的默认自定形状并不是很多,若想载入旧版自定形状,需要下面几个步骤。

Step01:选择"窗口"→"形状"选项,打开"形状"面板,如图 3-64 所示。

Step02:单击"形状"面板右上角的 ▤ 按钮,弹出"形状"面板菜单,如图 3-65 所示。

Step03:在"形状"面板菜单中选择"旧版形状及其他"选项,即可载入旧版形状,旧版形状如图 3-66 所示。

图 3-64　"形状"面板　　　　图 3-65　"形状"面板菜单　　　　图 3-66　旧版形状

此时,旧版形状载入完成。

3. 精确调整形状外观

绘制形状后,可以在"属性"面板中,对形状的外观进行更改。不同形状所对应的"属性"面板不同。下面以"圆角矩形工具"的"属性"面板为例,介绍"属性"面板中的选项,如图 3-67 所示。

理论微课 3-11:
精确调整形状
外观

"圆角矩形工具"的"属性"面板,包括"变换""外观"和"路径查找器"3个模块,具体如下。

(1)"变换"模块:用于设置形状的大小、位置、角度等参数。

(2)"外观"模块:用于设置形状的填充、描边,并精确地调整形状拐角的圆滑程度。在调整形状拐角的圆滑程度时,单击 ▣ 按钮取消链接圆角半径值,再对数值进行更改,可以对各个拐角的圆滑程度单独进行调整,具体示例如图 3-68 所示。

图 3-67 "圆角矩形工具"的"属性"面板

图 3-68 单独调整各个拐角的圆滑程度示例

（3）"路径查找器"模块：用于形状的布尔运算。

4. 形状的布尔运算

形状的布尔运算同选区的布尔运算类似。通过布尔运算，使新绘制的形状与原有形状之间进行相加、相减、相交等操作，从而形成新的形状。

理论微课 3-12：
形状的布尔运算

需要注意的是，形状的布尔运算只针对一个图层中的多个形状，若想将两个形状图层中的形状进行布尔运算，可以将两个形状图层合并，再使用"路径选择工具"选中位于上方的形状，对形状进行布尔运算。

单击"形状工具"选项栏中的"路径操作"按钮▢，会弹出"路径操作"选项列表，如图 3-69 所示。

在"路径操作"选项列表中，从上到下依次为"新建图层""合并形状""减去顶层形状""与形状区域相交""排除重叠形状"和"合并形状组件"，以下介绍路径操作选项。

图 3-69 "路径操作"
选项列表

（1）"新建图层"：选择"新建图层"选项后，绘制形状时会自动创建一个新的形状图层。两个形状图层示例如图 3-70 所示。

（2）"合并形状"：选择"合并形状"选项后，新形状会被自动绘制在当前形状图层，若与形状图层中的原形状相交，新形状会自动合并至当前形状，形状的颜色会随之改变，合并形状示例如图 3-71 所示。

（3）"减去顶层形状"：选择"减去顶层形状"选项后，新形状会被自动绘制在当前形状图层，若与形状图层中的原形状相交，新形状会被减去，减去顶层形状示例如图 3-72 所示。

（4）"与形状区域相交"：选择"与形状区域相交"选项后，新形状会被自动绘制在当前形状图层，若与形状图层中的原形状相交，两个形状的重叠部分会被保留，与形状区域相交示例如图 3-73所示。

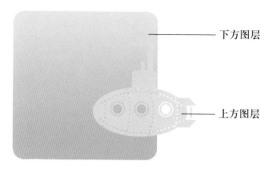

图 3-70 两个形状图层示例

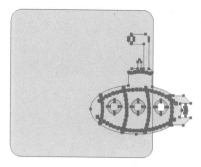

图 3-71 合并形状示例

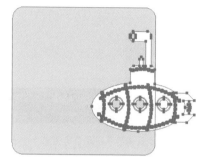

图 3-72 减去顶层形状示例

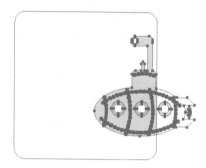

图 3-73 与形状区域相交示例

（5）"排除重叠形状"：选择"排除重叠形状"选项后，新形状会被自动绘制在当前形状图层，若与形状图层中的原形状相交，两个形状的重叠区域会被减去，其余部分保留，排除重叠形状示例如图 3-74 所示。

（6）"合并形状组件"：用于合并进行布尔运算的形状，合并形状组件示例如图 3-75 所示。

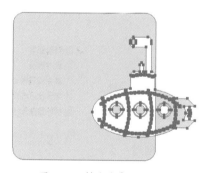

图 3-74 排除重叠形状示例

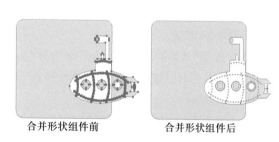

合并形状组件前   合并形状组件后

图 3-75 合并形状组件示例

由图 3-75 可以看出，在合并形状组件前，两个形状的路径单独存在，可随时使用"路径选择工具"移动其中一个形状；合并形状组件后，两个形状的路径合为一体。

■ **任务实现**

根据任务分析思路，【任务 3-2】制作浏览器图标的具体实现步骤如下。

1. 绘制基本图形

Step01：新建一个 1000 像素 ×1000 像素的文档。

Step02：按 Ctrl+S 快捷键，以名称"【任务 3-2】浏览器图标. psd"，将文档保存至指定文件夹内。

Step03：使用"椭圆工具"绘制一个 500 像素 ×500 像素的正圆形，得到"椭圆 1"。

Step04：复制"椭圆 1"，将得到的图层重命名为"左圆"，在"属性"面板中，设置"左圆"的大小为 350 像素 ×350 像素，两个正圆形状示例如图 3-76 所示。

Step05：选中两个图层，选择"移动工具"，在"移动工具"选项栏中依次单击"左对齐"按钮 🔲 和 "垂直居中对齐"按钮 🔳 将两个图层对齐，对齐图层示例如图 3-77 所示。

Step06：复制"左圆"图层，得到"左圆 拷贝"，将"左圆 拷贝"重命名为"右圆"。将"右圆"和 "椭圆 1"进行右对齐，右对齐图层示例如图 3-78 所示。

图 3-76　两个正圆形状示例　　　图 3-77　对齐图层示例　　　图 3-78　右对齐图层示例

Step07：选择"左圆"图层和"右圆"图层，按 Ctrl+J 快捷键，复制两个正圆，并将两个正圆旋转得到一上一下两个正圆，并分别将新得到的正圆重命名为"上圆""下圆"。圆形的关系示例如图 3-79 所示。

Step08：选中除背景图层外的所有图层，按 Ctrl+G 快捷键，为其编组，将组重命名为"备份"。

Step09：复制"备份"图层组，得到"备份 拷贝"图层组，隐藏 "备份"图层组。

2. 绘制图案

图 3-79　圆形的关系示例

Step01：依次选中"上圆""下圆""左圆""右圆"4 个图层，按 Ctrl+E 快捷键合并图层，得到"下圆"图层。

Step02：在"形状工具"选项栏中，单击路径操作按钮，在弹出的"路径操作"选项列表中选择 "合并形状组件"选项合并形状组件，如图 3-80 所示。

Step03：合并"下圆"和"椭圆 1"，将新得到的图层重命名为"组件 1"。使用"路径选择工具" ▶ 选中图层中位于上方的形状。

Step04：在"形状工具"选项栏中，单击"路径操作"按钮，在弹出的"路径操作"选项列表中选择"减去顶层形状"选项减去位于上方的形状，得到如图 3-81 所示的图案。

Step05：将图 3-81 的图案合并形状组件。选择"矩形工具" 🔲，在"矩形工具"选项栏中，单击 "路径操作"按钮，在弹出的"路径操作"选项列表中选择"减去顶层形状"选项，绘制矩形，隐藏图案中的部分区域，绘制矩形示例如图 3-82 所示。

图 3-80　合并形状组件

图 3-81　图案 1

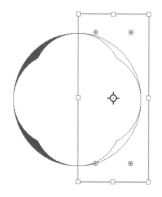

图 3-82　绘制矩形示例

Step06：按照 Step05 的方法再绘制一个矩形，得到如图 3-83 所示的图案。将"组件 1"合并形状组件。

Step07：显示"备份"图层组中的"上圆"和"左圆"图层，将"左圆"图层的顺序移动至"上圆"的上方。

Step08：选择"左圆"和"上圆"图层，按 Ctrl+E 快捷键合并图层，将新图层重命名为"组件 2"。

Step09：使用"路径选择工具"选中处于上方的形状，单击"路径操作"按钮，在弹出的"路径操作"选项列表中选择"减去顶层形状"选项，得到如图 3-84 所示的图案。

图 3-83　图案 2

图 3-84　图案 3

Step10：选择"组件 1"和"组件 2"，按 Ctrl+E 快捷键合并图层，并合并形状组件，将新图层重命名为"环 1"。

3. 拼合浏览器图标

Step01：在"形状工具"选项栏中，单击设置填充类型，在"填充类型"下拉面板中单击"渐变"按钮，在下拉面板中选择图 3-85 中白框标识的渐变预设，为"环 1"图层填充渐变。

Step02：复制"环 1"，将新图层重命名为"环 2"，将"环 2"旋转 90°，并移动其位置，得到如图 3-86 所示的图案。

Step03：选中"环 1""环 2"图层，将其复制，得到"环 3""环 4"图层，并将"环 3""环 4"图层顺时针旋转 180°。得到如图 3-87 所示的图案。

Step04：使用"圆角矩形工具"■绘制一个 600 像素 ×600 像素的圆角矩形，在"属性"面板中，设置"圆角半径"为 50，并设置填充。

图 3-85　渐变预设示例

图 3-86 图案 4   图 3-87 图案 5

至此,浏览器图标制作完成。

项目总结

项目 3 包括 2 个任务,其中【任务 3-1】的目的是让读者能够了解路径和锚点的概念,并掌握路径的绘制和操作方法,完成此任务,读者能够可以制作女鞋促销图。【任务 3-2】的目的是让读者掌握形状工具的使用方法以及形状的布尔运算,完成此任务,读者能够制作浏览器图标。

同步训练:制作猫头鹰图案效果

学习完前面的内容,接下来请根据要求完成作业。

要求:请结合前面所学知识,制作猫头鹰图案。猫头鹰图案效果如图 3-88 所示。

图 3-88 猫头鹰图案效果

项目4

利用图层样式和图层的混合模式融合图像

- 掌握渐变编辑器的使用方法和图层样式的基本操作，能够完成金属质感按钮图标的制作。
- 掌握图层的混合模式的应用技巧，能够完成播放器图标的制作。

图层样式和图层的混合模式是 Photoshop 中两个非常重要的功能，通过图层样式和混合模式，能够融合图像。所谓融合图像，是指将多个图层中的图像交融为一体，且每个图像单独存在。本项目将通过制作金属质感按钮图标和播放器图标两个任务，详细讲解图层样式和图层的混合模式的相关知识。

PPT:项目4 利用图层样式和
图层的混合模式融合图像

教学设计:项目4 利用图层样式和
图层的混合模式融合图像

任务 4-1　制作金属质感按钮图标

在 Photoshop 中,通过图层样式能够为图层添加一些样式效果。例如,常见的金属质感、浮雕、发光等样式效果。本任务将制作一款金属质感按钮图标,通过本任务的学习,读者能够掌握渐变编辑器的使用方法,以及图层样式的基本操作。金属质感按钮图标效果如图 4-1 所示。

实操微课 4-1:
任务 4-1　金属
质感按钮图标

图 4-1　金属质感按钮图标效果

■ 任务目标

知识目标	● 了解图层样式的种类,能够总结出不同的图层样式所呈现的效果
技能目标	● 掌握"渐变工具"的使用方法,能够在"渐变工具"选项栏中设置渐变的类型、模式等
	● 掌握渐变编辑器的使用方法,能够绘制指定的渐变颜色
	● 掌握"油漆桶工具"的使用方法,能够为图层填充前景色或图案
	● 掌握图层样式的基本操作,能够完成添加、修改图层样式等操作
	● 掌握"混合选项"的应用技巧,能够通过混合选项中的"混合颜色带"抠出图像

■ 任务分析

本任务将制作一款带有旋转按钮和指针的金属质感按钮图标,可以按照以下思路完成本任务。

1. 制作背景部分

背景部分包括灰色的背景和一个正圆形的按钮底盘,实现步骤如下。

(1)将背景填充为灰色。

(2)绘制正圆。

(3)设置正圆的图层样式。

2. 制作黑色状态条部分

金属质感按钮图标中共包含黑色和玫红色两种颜色的状态条,黑色状态条作为状态条的底色,玫红色状态条作为状态条的状态。本部分主要制作黑色状态条,实现步骤如下。

(1)绘制两个正圆。

(2)将两个正圆进行布尔运算,得到圆环。

(3)为圆环添加图层样式,得到黑色状态条。

3. 制作玫红色状态条部分

玫红色状态条并不是布满整个圆环,而是圆环中的一部分,实现步骤如下。

(1)复制黑色状态条。

(2)绘制一个自定义形状,使之与复制的圆环相减,得到玫红色状态条形状。

（3）设置玫红色状态条的图层样式。

4. 制作指向部分

指向部分包括刻度和指针两部分,实现步骤如下。

（1）绘制矩形,为矩形添加图层样式,作为刻度。

（2）绘制三角形,为三角形添加图层样式,作为指针。

5. 制作按钮部分

按钮部分只包括一个带有金属质感的正圆,实现步骤如下。

（1）复制一个正圆,得到按钮形状。

（2）为按钮添加图层样式,使其具有金属质感。

■ 知识储备

1. 渐变工具

"渐变工具" 可以创建多种颜色的混合效果,通过"渐变工具"可以为图层或选区填充渐变。在使用"渐变工具"前,需要在"渐变工具"选项栏中设置渐变,如渐变颜色、渐变类型等。选择"渐变工具"(或按 G 键),将显示"渐变工具"选项栏,如图 4-2 所示。

理论微课 4-1:
渐变工具

在如图 4-2 所示的"渐变工具"选项栏中,包含了"渐变颜色条""渐变类型""模式"等选项。为了更好地使用"渐变工具",接下来介绍"渐变工具"选项栏中的各选项。

图 4-2　"渐变工具"选项栏

（1）"渐变颜色条"

"渐变颜色条"用于显示当前使用的渐变颜色,单击其右侧的 ⌄ 按钮,会打开"渐变预设"下拉面板,如图 4-3 所示。

在"渐变预设"下拉面板中包含多个渐变预设文件夹,单击渐变预设文件夹左侧的 ⟩ 按钮,展开渐变,选中一个渐变预设,可以直接替换当前使用的渐变颜色。

（2）"渐变类型"

用于设置渐变的类型,从左到右依次为"线性渐变""径向渐变""角度渐变""对称渐变"和"菱形渐变"按钮。图 4-4 为不同渐变类型的渐变效果示例。

（3）"模式"

用于设置渐变颜色与同图层中源图像的混合方式。

（4）"不透明度"

用于设置渐变效果的不透明度。

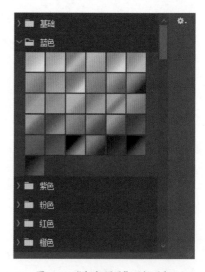

图 4-3　"渐变预设"下拉面板

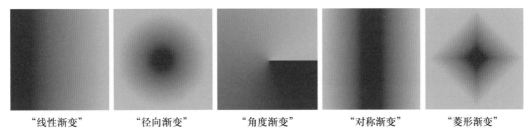

"线性渐变"　　"径向渐变"　　"角度渐变"　　"对称渐变"　　"菱形渐变"

图 4-4　不同渐变类型的渐变效果示例

（5）"反向"

选中该复选框，可以转换渐变中的颜色顺序，得到反方向的渐变效果。

（6）"仿色"

选中该复选框，可以使渐变效果更加平滑。主要用于防止打印时出现条带化现象，但条带化现象并不能在屏幕上明显地显示。默认为选中状态。

（7）"透明区域"

选中该复选框，可以启用编辑渐变时设置的透明效果，创建包含透明像素的渐变。默认为选中状态。

设置渐变后，将鼠标指针移至需要填充的区域，单击并拖曳鼠标，释放鼠标，完成渐变的绘制。绘制线性渐变示例如图 4-5 所示。

在使用"渐变工具"绘制渐变的过程中，可以根据需求调整鼠标的拖曳方向和范围，以得到不同的渐变效果。

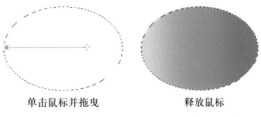

单击鼠标并拖曳　　　　释放鼠标

图 4-5　绘制线性渐变示例

2. 渐变编辑器

通过渐变编辑器可以自定义渐变颜色。单击"渐变工具"选项栏中的"渐变颜色条"，可以打开"渐变编辑器"对话框，如图 4-6 所示。

观察如图 4-6 所示的"渐变编辑器"对话框可以发现，在"渐变颜色条"中，包含不透明度色标和色标，其中不透明度色标处于渐变颜色条上方，用于设置颜色的透明程度；色标处于下方，用于设置颜色的色相。

理论微课 4-2：
渐变编辑器

在了解了不透明度色标和色标的概念后，以下介绍自定义渐变颜色的方法。

（1）更改颜色的不透明度和色相

① 更改颜色的不透明度：单击不透明度色标，在色标设置区域的"不透明度"右侧输入数值，数值越小，颜色越透明。

② 更改颜色的色相：单击色标，在色标设置区域单击"颜色"右侧的色块，打开"拾色器（色标颜色）"对话框，如图 4-7 所示。

在如图 4-7 所示的对话框中选择所需颜色，单击"确定"按钮，更改颜色的色相。更改颜色的色相示例如图 4-8 所示。

（2）添加不透明度色标或色标

① 添加不透明度色标：将鼠标指针悬停在渐变颜色条的上方，当鼠标指针变成🖑时，鼠标单击，可以添加不透明度色标。添加不透明度色标示例如图 4-9 所示。

图 4-6　"渐变编辑器"对话框

图 4-7　"拾色器（色标颜色）"对话框

图 4-8　更改颜色的色相示例

图 4-9　添加不透明度色标示例

② 添加色标：将鼠标指针悬停在渐变颜色条的下方，当鼠标指针变成█时，鼠标单击，可以添加色标。添加色标示例如图 4-10 所示。

（3）设置不透明度和色相的混合

① 设置不透明度的混合：单击不透明度色标，会出现不透明度中点◈，拖曳不透明度中点可以调整两个不透明度色标之间不透明度的混合。

图 4-10　添加色标示例

② 设置色相的混合：单击色标，会出现颜色中点◆，拖曳颜色中点，可以调整两个色标之间色相的混合位置。

（4）删除不透明度色标和色标

删除不透明度色标和色标有两种方法，具体如下。

① 在色标设置区域中，共有两个"删除"按钮 删除(D)，其中，位于上方的"删除"按钮用于删除不透明度色标；位于下方的"删除"按钮用于删除色标。

② 单击并向下拖曳不透明度色标或色标，可以快速删除不透明度色标或色标。

（5）设置不透明度色标和色标的位置

在色标设置区域中"位置"右侧的输入框内输入数值，可以对不透明度色标和色标的位置进行精准设置。"位置"的取值范围为 0%~100%，数值越小，不透明度色标或色标越偏向左侧；数值越大，不透明度色标或色标越偏向右侧。当然，也可以直接左右拖曳不透明度色标或色标，快速设置不透明度色标和色标的位置。

3. 油漆桶工具

使用"油漆桶工具"可以为图层和选区填充前景色或图案。如果图层中存在选区，则填充选区；如果图层中不存在选区，则填充与鼠标单击点颜色相近的区域。

使用"油漆桶工具"之前，可以先在"油漆桶工具"选项栏中设置参数，如图 4-11 所示。

理论微课 4-3：油漆桶工具

"填充类型"　　　　　　　　　　"不透明度"

图 4-11　"油漆桶工具"选项栏

在如图 4-11 所示的"油漆桶工具"选项栏中，"填充类型"用于设置填充的内容，包括"前景"和"图案"两个选项；"不透明度"用于设置填充内容的不透明度。

4. 图层样式的基本操作

图层样式能以非破坏性的方式更改图层的外观效果。例如，通过图层样式为图层添加投影、渐变等外观效果时，并不影响图层本身。若要熟练地利用图层样式为图层添加样式效果，则需要先掌握图层样式的基本操作。以下介绍图层样式的基本操作。

（1）添加图层样式

在 Photoshop 中添加图层样式时，既可以添加自定义图层样式，也可以添加系统预设的图层样式，具体方法如下。

① 添加自定义图层样式：选中图层，单击"图层"面板下方的"添加图层样式"按钮 fx，会弹出"图层样式"列表，如图 4-12 所示。

图 4-12　"图层样式"列表

在如图 4-12 所示的"图层样式"列表中,选择其中一个图层样式,会打开"图层样式"对话框,如图 4-13 所示。

在如图 4-13 所示的"图层样式"对话框中,包括样式选择区域、参数设置区域和效果预览区域。使用"图层样式"对话框为图层添加图层样式的流程如下。

- 在样式选择区域选择图层样式,为选中的图层应用该图层样式。

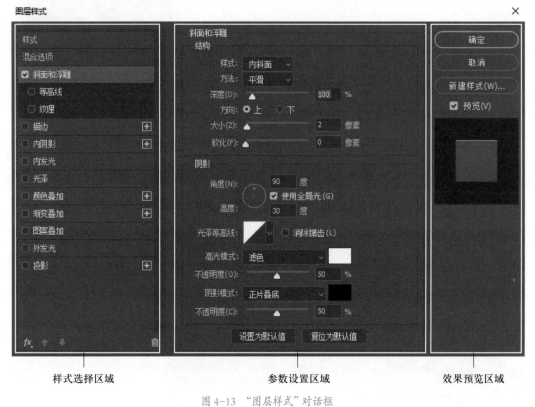

图 4-13　"图层样式"对话框

- 在参数设置区域为选中的图层样式设置参数。
- 在效果预览区域预览图层样式所产生的效果,单击"确定"按钮,完成图层样式的应用。

在样式选择区域中,若图层样式的右侧显示🔳,代表该图层样式可以被多次添加。另外,双击图层的空白处,也会打开"图层样式"对话框,图层空白处示例如图 4-14 所示。

应用图层样式后,图层样式会与图层链接在一起。当移动或编辑图层时,图层样式也会随之改变。在"图层"面板中,应用了图层样式的图层右侧还会显示🔳,且图层样式的名称会显示在图层下方。图层样式名称的显示位置示例如图 4-15 所示。

② 添加系统预设的图层样式;Photoshop 提供了多个图层样式预设,选择"窗口"→"样式"选项,会弹出"样式"面板,如图 4-16 所示。

在如图 4-16 所示的"样式"面板中包含了多个样式组,样式组又包含了多个样式。单击样式组中的某个样式,系统会自动为选中图层添加该样式中所包含的图层样式。例如,为图层添加"石头"样式,如图 4-17 所示。

在"图层样式"面板中的样式选择区域中选中"样式",参数设置区域也会显示图层样式预设,

图 4-14　图层空白处示例

图 4-15　图层样式名称的
显示位置示例

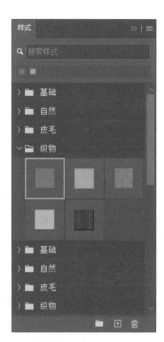

图 4-16　"样式"面板

选择样式预设

样式效果

样式中包含的图层样式

图 4-17　为图层添加"石头"样式

应用方法同上。

（2）修改图层样式

　　双击图层样式的名称，可以再次打开"图层样式"对话框。在"图层样式"对话框中可以对图层样式进行修改，修改图层样式的流程如下。

① 在"图层样式"对话框中的样式选择区域选中对应的图层样式。

② 在参数设置区域对参数进行修改。

③ 单击效果预览区域中的"确定"按钮,完成图层样式的修改。

（3）删除图层样式

删除图层样式有两种方式,具体如下。

① 删除单个图层样式:将图层样式的名称拖曳至"删除图层"按钮圙,释放鼠标,完成单个图层样式的删除操作。删除单个图层样式示例如图 4-18 所示。

② 删除所有图层样式:拖曳图层右侧的圙至"删除图层"按钮圙,释放鼠标,完成所有图层样式的删除操作。删除所有图层样式示例如图 4-19 所示。

图 4-18　删除单个图层样式示例　　图 4-19　删除所有图层样式示例

（4）隐藏与显示图层样式

隐藏与显示图层样式的方式有两种,具体如下。

① 隐藏与显示单个图层样式:单击图层样式名称左侧的⊙图标,能够隐藏该图层样式,再次单击图标,可显示该图层样式。

② 隐藏与显示所有图层样式:单击"效果"左侧的⊙图标,能够隐藏图层中的所有图层样式,再次单击图标,可显示图层中的所有图层样式。

（5）复制与粘贴图层样式

复制与粘贴图层样式的方式有两种,具体如下。

① 复制与粘贴单个图层样式:按住 Alt 键的同时,拖曳图层样式的名称至目标图层,也可以将单个图层样式复制并粘贴到目标图层。

② 复制与粘贴所有图层样式:首先,右击图层,在弹出的菜单中选择"拷贝图层样式"选项;其次,右击目标图层,在弹出的菜单中选择"粘贴图层样式"选项。

复制与粘贴图层样式示例如图 4-20 所示。

另外,在按住 Alt 键的同时,拖曳图层右侧的圙图标至目标图层,可以将图层中的所有图层样式全部复制并粘贴到目标图层。

注意:

　　设置图层样式时,打开"图层样式"对话框,拖曳画布,可以快速改变某些图层样式(包括"内阴影""渐变叠加""图案叠加""光泽""投影"和"描边")的效果。

复制图层样式   粘贴图层样式

图 4-20   复制与粘贴图层样式示例

5. 图层样式的种类

Photoshop 中提供了"斜面和浮雕""描边""内阴影"等 10 种图层样式,以下介绍这些图层样式。

（1）"斜面和浮雕"

"斜面和浮雕"可以为图层添加高光与投影的各种组合效果,使图层呈现立体的浮雕效果。在"图层样式"对话框中选中"斜面和浮雕"复选框,即可切换到"斜面和浮雕"参数设置区域,如图 4-21 所示。

在如图 4-21 所示的"斜面和浮雕"参数设置区域中,包括"样式""方法"等选项,具体如下。

① "样式":用于设置浮雕样式。单击该选项会弹出下拉列表,包括"外斜面""内斜面""浮雕效果""枕状浮雕""描边浮雕"5 个样式选项,选择不同的样式,能够得到不同的浮雕效果。

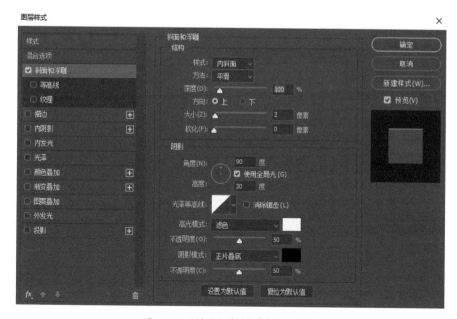

图 4-21   "斜面和浮雕"参数设置区域

例如,如图 4-22 所示为原图像,为其应用"斜面和浮雕"图层样式后,在其参数设置区域设置"样式"分别为"内斜面"和"枕状浮雕",可以看到不同样式所对应的不同效果。"内斜面"和"枕状浮雕"样式效果示例如图 4-23 和图 4-24 所示。

图 4-22　"文化"原图像　　　　　　图 4-23　"内斜面"样式效果示例　　　图 4-24　"枕状浮雕"样式效果示例

② "方法":用于设置创建浮雕的方法,包括"平滑""雕刻清晰"和"雕刻柔和"3 个选项。

③ "深度":用于设置浮雕斜面的应用深度。通常情况下,"深度"数值越高,浮雕的立体性越强。

④ "角度":用于设置不同的光源角度。选中"使用全局光"复选框,可以使同一画布中所有图层的光源角度统一,若不想使用全局光,取消选中即可。

(2)"描边"

"描边"是使用带有颜色、渐变或图案的线条勾勒图层的轮廓。在"图层样式"对话框中选中"描边"复选框,即可切换到"描边"参数设置区域,如图 4-25 所示。

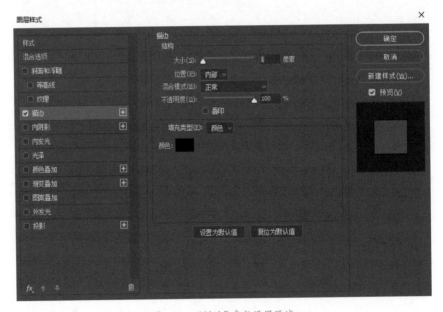

图 4-25　"描边"参数设置区域

在如图 4-25 所示的"描边"参数设置区域中,包括"大小""位置"等选项,具体如下。

① "大小":用于设置描边线条的粗细。"大小"数值越大,描边越粗。

② "位置":用于设置描边线条的位置,包括"外部""内部"和"居中"3 个选项。

③ "填充类型":用于设置填充描边的方式,包括"颜色""渐变"和"图案"3 个选项。

④ "颜色":用于设置描边颜色。当"填充类型"不同时,该选项中会包含其他子选项。

如图 4-26 所示为原图像,添加"描边"图层样式示例如图 4-27 所示。

图 4-26　"毛笔"原图像　　图 4-27　添加"描边"图层
样式示例

（3）"投影"与"内阴影"

"投影"是在图层背后添加阴影,使其产生立体感。在"图层样式"对话框中选中"投影"复选框,即可切换到"投影"参数设置区域,如图 4-28 所示。

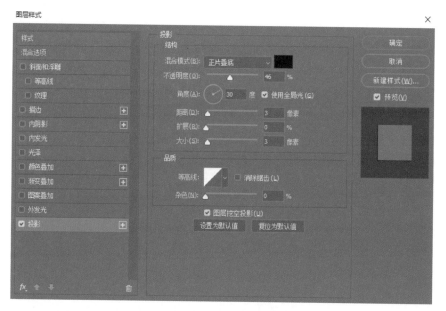

图 4-28　"投影"参数设置区域

在"投影"参数设置区域中,包括"混合模式""不透明度"等选项,具体如下。

①"混合模式":用于设置阴影与图层的混合模式,默认为"正片叠底"。单击右侧的颜色块,可以设置阴影的颜色。

②"不透明度":用于设置阴影的不透明度。

③"角度":用于设置光源的照射角度,光源的照射角度不同,阴影的位置也不同。选中"使用全局光"复选框,可以使图层样式中光源的照射角度保持一致。

④"距离":用于设置阴影与图像的距离。

⑤"扩展":用于设置阴影的投射强度。

⑥"大小":用于设置阴影的大小。

⑦ "杂色"：用于设置颗粒在投影中的填充数量。

⑧ "图层挖空阴影"：控制半透明图层中阴影的可见性。

"内阴影"是在图像前面的内部边缘位置添加阴影，使其产生凹陷效果。

如图 4-29 所示为原图像，添加"投影"后的效果示例如图 4-30 所示，添加"内阴影"后的效果示例如图 4-31 所示。

图 4-29 "福"原图像　　图 4-30 添加"投影"　　图 4-31 添加"内阴影"
后的效果示例　　　　　后的效果示例

（4）"外发光"与"内发光"

"外发光"是沿图层的边缘向外创建发光效果。在"图层样式"对话框中选中"外发光"复选框，即可切换到"外发光"参数设置区域，如图 4-32 所示。

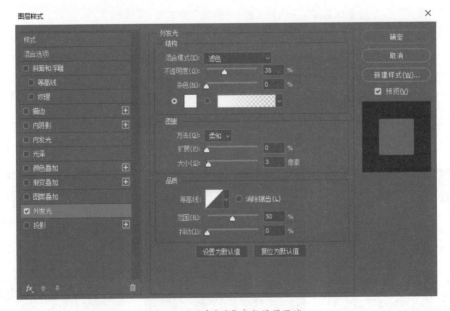

图 4-32 "外发光"参数设置区域

在"外发光"参数设置区域中,除了在其他图层样式的参数设置区域也有的"混合模式""不透明度"等选项外,还包括"杂色""方法"等选项,具体如下。

①"杂色":用于在发光效果中随机添加颗粒。

②"方法":用于设置发光的方法,以控制发光的准确程度,包括"柔和"和"精确"两个选项。

③"扩展":用于设置发光范围的大小。

④"大小":用于设置光晕范围的大小。

"内发光"是沿图层边缘向内创建发光效果。在"图层样式"对话框中选中"内发光"复选框,即可切换到"内发光"参数设置区域,如图 4-33 所示。

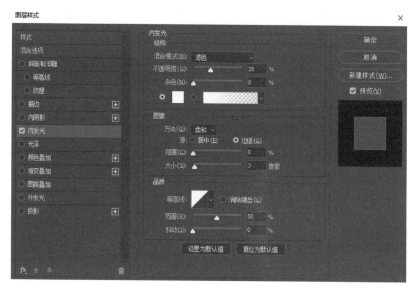

图 4-33　"内发光"参数设置区域

在"内发光"参数设置区域中,还包括"源""阻塞"等选项,具体如下。

①"源":用于控制发光光源的位置,包括"居中"和"边缘"两个选项。选择"居中"单选按钮,将从中心向外发光;选中"边缘"单选按钮,将从边缘向中心发光。

②"阻塞":用于设置光源向内发散的大小。

③"大小":用于设置内发光的大小。

"外发光"和"内发光"都可以使图层产生发光的效果,只是发光的位置不同。如图 4-34 所示为原图像,添加"外发光"的效果示例如图 4-35 所示,添加"内发光"的效果示例如图 4-36 所示。

图 4-34　"兔子"原图像　　　图 4-35　添加"外发光"的效果示例　　　图 4-36　添加"内发光"的效果示例

（5）"光泽"

"光泽"可以为图层添加光泽效果，通常用于创建金属表面的光泽外观。在"图层样式"对话框中选中"光泽"复选框，即可切换到"光泽"参数设置区域，如图 4-37 所示。

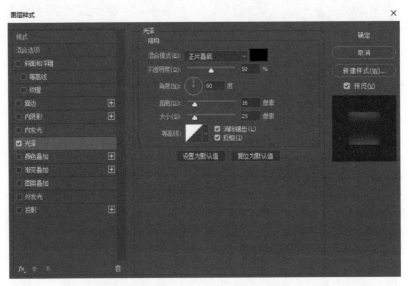

图 4-37 "光泽"参数设置区域

在"光泽"参数设置区域中没有特别的选项，但可以通过选择不同的"等高线"来改变光泽的样式。如图 4-38 所示为原图像，添加"光泽"后的效果示例如图 4-39 所示。

图 4-38 "鼎"原图像　　图 4-39 添加"光泽"后
的效果示例

（6）"颜色叠加""渐变叠加"和"图案叠加"

"颜色叠加"可以在图像上叠加指定的颜色，通过设置颜色的混合模式和不透明度控制叠加效果。如图 4-40 所示为原图像，添加"颜色叠加"的效果示例如图 4-41 所示。

"渐变叠加"可以在图像上叠加指定的渐变颜色。在"图层样式"对话框中选中"渐变叠加"复选框，即可切换到"渐变叠加"参数设置区域，如图 4-42 所示。

在"渐变叠加"参数设置区域中，包括"渐变""样式"等选项。常用选项的说明如下。

①"渐变"：用于设置渐变颜色。

图 4-40　未叠加颜色的原图像　　　　图 4-41　添加"颜色叠加"的效果示例

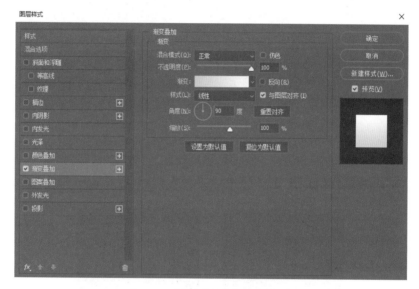

图 4-42　"渐变叠加"参数设置区域

②"样式"：用于设置渐变类型。

③"角度"：用于设置光源的照射角度。

依旧以如图 4-40 所示的图像为原图像，为其添加"渐变叠加"的效果示例如图 4-43 所示。

"图案叠加"可以在图像上叠加指定的图案。在"图层样式"对话框中选中"图案叠加"复选框，即可切换到"图案叠加"参数设置区域，如图 4-44 所示。

在"图案叠加"参数设置区域中，"图案"用于选择图案预设；"缩放"用于设置图案的缩放程度。

依旧以如图 4-40 所示的图像为原图像，为其添加"图案叠加"的效果示例如图 4-45 所示。

图 4-43　添加"渐变叠加"的效果示例

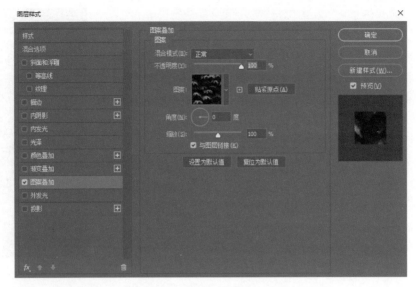

图 4-44 "图案叠加"参数设置区域

6. 混合选项

"混合选项"是对"图层样式"的高级设置。选择"图层"→"图层样式→"混合选项"选项,或单击"图层"面板下方的"添加图层样式"按钮,在弹出的"图层样式"列表中选择"混合选项"选项,可以显示"混合选项"参数设置区域,如图 4-46 所示。

理论微课 4-6:
混合选项

"混合选项"参数设置区域包括"常规混合""高级混合"和"混合颜色带"3部分。

(1)"常规混合"

"常规混合"部分包括"混合模式"和"不透明度"两个选项,这两个选项与"图层"面板中的混

图 4-45 添加"图案叠加"的效果示例

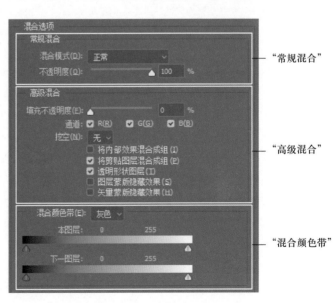

图 4-46 "混合选项"参数设置区域

合模式与不透明度的意义和设置方法一致,此处不再进行讲解。

（2）"高级混合"

"高级混合"部分主要用于对通道进行更详细的混合设置,包括
"填充不透明度""通道"和"挖空"3 个选项,具体如下。

① "填充不透明度":可以设置图层的不透明度,不影响图层样式
的不透明度。

② "通道":可以对不同的通道进行混合。

③ "挖空":可以挖空下方图层。"挖空"选项与图层组和填充不
透明度有关。"挖空"包括"无""浅""深"3 个选项。选择"无"选
项时表示不挖空图层;选择"浅"选项时表示挖空到图层组后的第 1
个图层;选择"深"选项时表示挖空到背景图层。

例如,打开"高级混合. psd"素材,素材包含的图层示例如图 4-47
所示。

图 4-47　素材包含的图层示例

在"混合选项"参数设置区域中,分别设置"椭圆 1"图层的"挖
空"为"浅"和"深",再调整"填充不透明度"为 0%,"挖空"为"浅"和"挖空"为"深"的效果示
例如图 4-48 所示。

 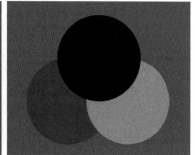

"挖空"为"浅"的效果示例　　　　　　"挖空"为"深"的效果示例

图 4-48　"挖空"为"浅"和"挖空"为"深"的效果示例

（3）"混合颜色带"

"混合颜色带"是一种特殊的高级蒙版(关于蒙版,将在项目 8 中讲解),可以快速隐藏图层中的
像素。通常情况下,蒙版只能隐藏一个图层中的像素,而"混合颜色带"不仅可以隐藏本图层中的像
素,还可以使下面图层中的像素穿透上面的图层显示出来。

在"混合颜色带"中,包括通道、本图层和下一图层,具体如下。

① 通道:用于选择通道,在 RGB 颜色模式下,包括"灰色""红""绿"和"蓝"4 个通道,默认是
"灰色"通道,即全部通道。一般情况下,选择"灰色"进行操作。

② 本图层:用于调整本图层像素的亮部和暗部。白色滑块代表亮部像素,黑色滑块代表暗部
像素。

③ 下一图层:用于调整下一图层像素的亮部或暗部。

拖曳滑块可以改变图层的亮部和暗部,按住 Alt 键的同时拖曳滑块,滑块会被分为两部分,这样
可以使图像上、下两个图层的颜色过渡更加平滑,滑块分为两部分示例如图 4-49 所示。

图 4-49　滑块变为两部分示例

例如，通过"混合颜色带"抠出火圈示例如图 4-50 所示。

图 4-50　使用混合颜色带抠出火圈示例

■ 任务实现

根据任务分析思路，【任务 4-1】制作金属质感按钮的具体实现步骤如下。

1. 制作背景部分

Step01：新建一个 386 像素 ×386 像素的文档。

Step02：按 Ctrl+S 快捷键，以名称"【任务 4-1】金属质感按钮图标"保存文档。

Step03：设置前景色为（RGB：230、230、230），按 Alt+Delete 快捷键，为背景图层填充前景色。

Step04：使用"椭圆工具" 绘制一个高度和宽度均为 238 像素的正圆形状，得到"椭圆 1"图层，为"椭圆 1"填充为灰色（RGB：180、180、180），"椭圆 1"效果示例如图 4-51 所示。

Step05：在"图层"面板中，设置"填充"为 0%。

Step06：单击"图层"面板下方的"添加图层样式"按钮 ，在打开的"图层样式"对话框中选中"描边"复选框，打开"描边"参数设置区域，在"描边"参数设置区域中设置参数。"描边"参数设置如图 4-52 所示。

图 4-51　"椭圆 1"效果示例　　　　　　图 4-52　"描边"参数设置 1

Step07：选中"内发光"复选框,设置"内发光"的"混合模式"为正常、"不透明度"为 4%、"内发光颜色"为黑色、"大小"为 16 像素、"等高线"为画圆步骤、"范围"为 100%,"内发光"参数设置如图 4-53 所示。

Step08：选中"外发光"复选框,设置"外发光"的"混合模式"为正常、"不透明度"为 38%、发光颜色为白色、"大小"为 1 像素,"外发光"参数设置如图 4-54 所示。

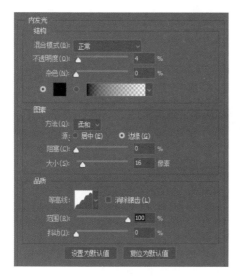 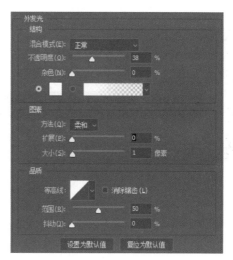

图 4-53 "内发光"参数设置　　　　　图 4-54 "外发光"参数设置

Step09：选中"投影"复选框,设置"投影"的"混合模式"为正常、颜色为白色、"不透明度"为 37%、"距离"为 1 像素、"大小"为 1 像素,"投影"参数设置如图 4-55 所示。添加图层样式后的效果如图 4-56 所示。

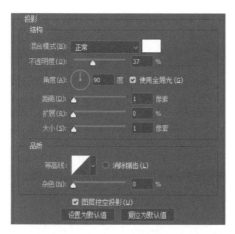 

图 4-55 "投影"参数设置 1　　　　　图 4-56 添加图层样式后的效果

2. 制作黑色状态条部分

Step01：选择"椭圆 1"图层,按 Ctrl+J 快捷键,复制得到"椭圆 1 拷贝"。在"图层"面板中,拖曳"椭圆 1 拷贝"下方的"效果"至面板底部的 处,删除"椭圆 1 拷贝"的图层样式。

Step02：在"图层"面板中，设置"填充"为 100%。按 Ctrl+T 快捷键，调出定界框。按 Alt+Shift 快捷键的同时，向内拖曳"椭圆 1 拷贝"角点将其等比例缩小，"椭圆 1 拷贝"等比例缩小示例如图 4-57 所示。

Step03：按 Enter 键确定自由变换。

Step04：复制"椭圆 1 拷贝"得到"椭圆 1 拷贝 2"，对"椭圆 1 拷贝 2"进行等比例缩小，"椭圆 1 拷贝 2"等比例缩小示例如图 4-58 所示。

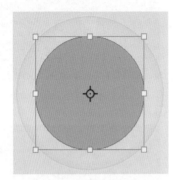 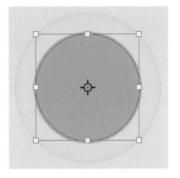

图 4-57 "椭圆 1 拷贝"等比例　　　图 4-58 "椭圆 1 拷贝 2"等比例
缩小示例　　　　　　　　　　　缩小示例

Step05：按 Enter 键确定自由变换。

Step06：在"图层"面板中，同时选中"椭圆 1 拷贝"和"椭圆 1 拷贝 2"。按 Ctrl+E 快捷键，将两个图层合并，得到"椭圆 1 拷贝 2"。

Step07：选择"路径选择工具"，单击选中"椭圆 1 拷贝 2"中略小的路径形状，在选项栏中的"路径操作"列表中选择"减去顶层形状"选项，减去顶层形状效果示例如图 4-59 所示。

Step08：在选项栏中的"路径操作"列表中选择"合并形状组件"选项，在弹出的对话框中单击"是"按钮，合并形状组件效果示例如图 4-60 所示。

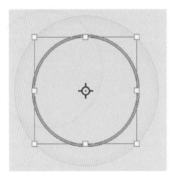 

图 4-59 减去顶层形状效果示例　　　图 4-60 合并形状组件效果示例

Step09：单击"图层"面板下方的"添加图层样式"按钮，选中"内阴影"复选框，设置"内阴影"的"不透明度"为 100%、"距离"为 2 像素、"大小"为 2 像素。"内阴影"参数设置如图 4-61 所示。

Step10：选中"渐变叠加"复选框，单击渐变颜色条，在打开的"渐变编辑器"对话框中设置渐变颜色，渐变颜色示例如图 4-62 所示。

Step11：继续设置"渐变叠加"的"样式"为角度、"角度"为 0°，"渐变叠加"参数设置如图 4-63 所示。

Step12：选中"投影"复选框，设置"投影"的"混合模式"为正常、"距离"为 2 像素、"大小"为 2 像素，"投影"参数设置如图 4-64 所示。状态条黑色的部分示例如图 4-65 所示。

3. 制作玫红色状态条部分

Step01：复制"椭圆 1 拷贝 2"得到"椭圆 1 拷贝 3"，清除"椭圆 1 拷贝 3"的图层样式。

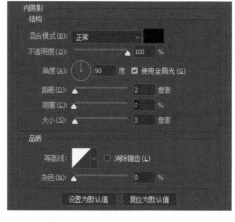

图 4-61　"内阴影"参数设置 1

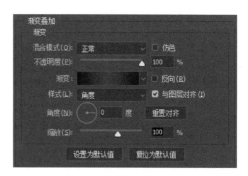

图 4-63　"渐变叠加"参数设置 1

RGB:40、40、40　　RGB:80、80、80　　RGB:40、40、40

图 4-62　渐变颜色示例 1

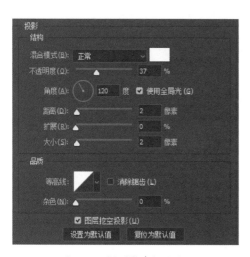

图 4-64　"投影"参数设置 2

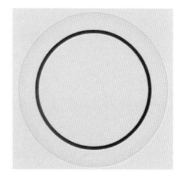

图 4-65　状态条黑色的部分示例

Step02：使用"钢笔工具"，在画布中绘制一个如图 4-66 所示的形状，得到"形状 1"。

Step03：在"图层"面板中，同时选中"椭圆 1 拷贝 3"和"形状 1"，按 Ctrl+E 快捷键，将两个形状图层合并，得到"形状 1"。

Step04：使用"路径选择工具"选中钢笔绘制的形状，然后在选项栏中的"路径操作"列表中选择"减去顶层形状"选项，减去顶层形状效果示例如图 4-67 所示。

Step05：在选项栏中的"路径操作"列表中选择"合并形状组件"选项，合并形状组件效果示例如图 4-68 所示。

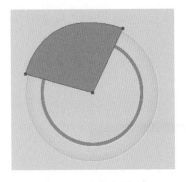

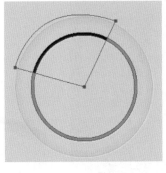

图 4-66　绘制"形状 1"　　　　图 4-67　减去顶层形状效果示例　　　　图 4-68　合并形状组件效果示例

Step06：在"图层"面板中，双击图层"形状 1"的空白处，打开"图层样式"对话框。

Step07：选中"颜色叠加"复选框，设置"颜色叠加"的"颜色"为玫红色（RGB：255、55、150），颜色示例如图 4-69 所示。添加"颜色叠加"后的效果示例如图 4-70 所示。

Step08：复制"椭圆 1 拷贝 2"得到"椭圆 1 拷贝 3"。调整"椭圆 1 拷贝 3"的图层顺序在"形状 1"之上。

Step09：在"图层"面板中，设置"椭圆 1 拷贝 3"的"不透明度"为 50%、"填充"为 0%。单击其"渐变叠加"名称前的 ◉ 图标，将"渐变叠加"图层样式隐藏，隐藏"渐变叠加"图层样式示例如图 4-71 所示。

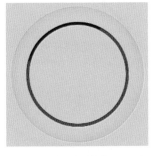

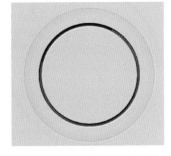

图 4-69　颜色示例　　　　　图 4-70　添加"颜色叠加"后的　　　　图 4-71　隐藏"渐变叠加"
　　　　　　　　　　　　　　　　　　效果示例　　　　　　　　　　　图层样式示例

4. 制作指向部分

Step01：使用"矩形工具"  在画布中绘制一个灰色（RGB：200、200、200）矩形作为刻度，得到"矩形 1"。"矩形 1"示例如图 4-72 所示。

Step02：在"图层"面板中，双击"矩形 1"图层的空白处，打开"图层样式"对话框。

Step03：选中"斜面和浮雕"复选框，在"斜面和浮雕"的参数设置区域中，设置"斜面和浮雕"的参数，"斜面和浮雕"参数设置如图 4-73 所示。添加"斜面和浮雕"效果示例如图 4-74 所示。

图 4-72　"矩形 1"示例

图 4-73　"斜面和浮雕"参数设置 1

图 4-74　添加"斜面和浮雕"
效果示例

Step04：复制"矩形 1"得到"矩形 1 拷贝"。使用"移动工具" ，按住 Shift 键的同时，将其移至适当位置，"矩形 1 拷贝"位置示例如图 4-75 所示。

Step05：在"图层"面板中，同时选中"矩形 1"和"矩形 1 拷贝"。按 Ctrl+J 快捷键，得到两个复制图层。按 Ctrl+T 快捷键，将其旋转 90°，旋转矩形示例如图 4-76 所示。

Step06：使用"三角形工具" ，在画布中绘制一个三角形形状，三角形示例如图 4-77 所示。

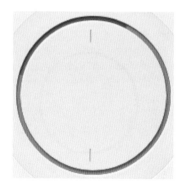

图 4-75　"矩形 1 拷贝"位置示例

图 4-76　旋转矩形示例

图 4-77　三角形示例

Step07：在"图层"面板中，单击面板下方的"添加图层样式"按钮 ，在"图层样式"对话框中选中"斜面和浮雕"复选框，设置"斜面和浮雕"的参数，"斜面和浮雕"参数设置如图 4-78 所示。

Step08：选中"描边"复选框，在"描边"的参数设置区域中设置"描边"的参数，"描边"参数设置如图 4-79 所示。

Step09：选中"渐变叠加"复选框，单击渐变颜色条，在弹出的"渐变编辑器"中设置渐变颜色，渐变颜色示例如图 4-80 所示。

Step10：继续设置"渐变叠加"参数，"渐变叠加"参数设置如图 4-81 所示。

Step11：选中"投影"复选框，在"投影"参数设置区域中设置"投影"参数，"投影"参数设置如图 4-82 所示。指针部分的效果如图 4-83 所示。

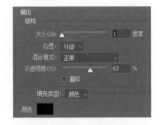

图 4-78　"斜面和浮雕"参数设置 2　　　　　　图 4-79　"描边"参数设置 2

RGB: 20、20、20　　RGB:50、50、50　　RGB: 20、20、20

图 4-80　渐变颜色示例 2

图 4-81　"渐变叠加"参数设置 2

图 4-82　"投影"参数设置 3

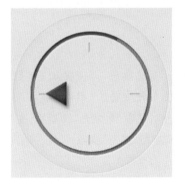

图 4-83　指针部分的效果

5. 制作金属按钮部分

Step01：在"图层"面板中,复制"椭圆 1"得到"椭圆 1 拷贝"。调整"椭圆 1 拷贝"图层顺序到所有图层之上。

Step02：在"图层"面板中,调整"椭圆 1 拷贝"的"填充"为 100%,将"椭圆 1 拷贝"等比缩小,"椭圆 1 拷贝"大小示例如图 4-84 所示。

Step03：双击"椭圆 1 拷贝"下方的效果，打开"图层样式"对话框。

Step04：选中"斜面和浮雕"复选框，在"斜面和浮雕"参数设置区域中设置"斜面和浮雕"的参数，"斜面和浮雕"参数设置如图 4-85 所示。

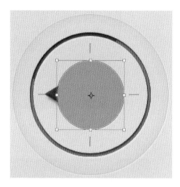

图 4-84　"椭圆 1 拷贝"大小示例　　　　图 4-85　"斜面和浮雕"参数设置 3

Step05：依次取消选中"描边"和"内发光"复选框，取消其样式效果。

Step06：选中"渐变叠加"复选框，在"渐变编辑器"中设置渐变颜色，渐变颜色示例如图 4-86 所示。

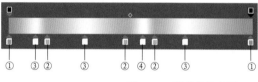

①RGB：170、170、170
②RGB：200、200、200
③RGB：250、250、250
④RGB：255、255、255

图 4-86　渐变颜色示例 3

Step07：继续在"渐变叠加"参数设置区域中，设置其他参数，"渐变叠加"参数设置如图 4-87 所示。

Step08：选中"外发光"复选框，在"外发光"参数设置区域中设置"外发光"参数，"外发光"参数设置如图 4-88 所示。

Step09：选中"投影"复选框，在"投影"参数设置区域中设置"投影"参数，"投影"参数设置如图 4-89 所示。

至此，金属质感按钮图标制作完成。

图 4-87　"渐变叠加"参数设置 3

图 4-88 "外发光"参数设置 2   图 4-89 "投影"参数设置 4

制作播放器图标

在 Photoshop 中,通过图层的混合模式能够将相邻图层的像素进行混合。本任务将制作一个播放器图标,通过本任务的学习,读者能够掌握图层的混合模式的应用技巧。播放器图标效果如图 4-90 所示。

实操微课 4-2:任务 4-2 播放器图标

图 4-90 播放器图标效果

■ 任务目标

知识目标	● 了解图层的混合模式,能够概括出混合模式的作用
技能目标	● 熟悉"正片叠底"的混合原理,能够混合出较暗的颜色 ● 熟悉"滤色"的混合原理,能够混合出较亮的颜色 ● 熟悉"叠加"的混合原理,能够混合出对比强烈的颜色

■ 任务分析

播放器图标中包含播放器背景和播放器基本形状,在制作时,可以按照以下思路完成本任务。

1. 绘制播放器背景

播放器背景的实现步骤如下。

(1)新建文档,打开素材图像,将素材图像拖曳至文档中。

(2)新建图层,绘制渐变。

(3)绘制正圆,设置正圆的混合模式。

2. 绘制播放器基本形状

播放器的基本形状中,包括 3 个正圆形和 1 个三角形,实现步骤如下。

(1)绘制 3 个正圆形,并分别调整正圆的大小和颜色,得到不同宽度的圆环样式。

(2)绘制三角形,为三角形填充颜色。

3. 添加图层样式

绘制好播放器的基本形状后,需要为播放器的基本形状添加图层样式,实现步骤如下。

(1)为 3 个正圆形逐一添加图层样式。

(2)为圆角三角形添加图层样式。

4. 添加高光和反光

该部分包括亮部区域、高光和反光区域,实现步骤如下。

(1)新建图层,绘制渐变。

(2)将渐变所在图层进行变形,并设置混合模式,作为亮部。

(3)新建图层,绘制白色高光。

(4)绘制反光。

5. 制作光效

制作光效时,只需要制作 1 个光效,对该光效进行复制得到另 1 个光效,实现步骤如下。

(1)绘制正圆选区,为选区填充颜色。

(2)移动选区,设置选区的羽化值。

(3)删除选区内的像素,得到 1 个光效。

(4)设置光效的混合模式。

(5)复制光效并进行旋转得到另 1 个光效。

■ 知识储备

1. 图层的混合模式

图层的混合模式是指一个图层与其下方图层的混合方式,在 Photoshop 中默认的图层的混合模式为"正常",除了"正常"这一混合模式,还有多种图层的混合模式,如"正片叠底""滤色"等。不同的图层的混合模式得到的混合效果也不同。

理论微课 4-7:
认识图层的
混合模式

在"图层"面板中,单击图层的混合模式,会弹出图层的"混合模式"下拉列表,如图 4-91 所示。

在如图 4-91 所示图的"混合模式"下拉列表中可以看出,Photoshop 将图层的混合模式分为 6 个组,27 个图层的混合模式。在图层的"混合模式"下拉列表中选择一个混合模式,即可为选中图层应用混合模式。在设置混合模式的同时,通常还需要调整图层的不透明度,使混合效果更加理想。

需要注意的是,在设置图层的混合模式时,通常为上方的图层设置混合模式。本书统一将设置了混合模式的颜色称为混合色、原稿的颜色称为基色,混合得到的颜色称为结果色。

在 Photoshop 中,混合模式除了应用在图层,还应用在画笔、铅笔、渐变等工具,其基本意义相同,只不过图层的混合模式用于控制上下图层之间的颜色混合,而其他工具中的混合模式,用于控制同一图层中,不同颜色之间的混合。掌握了图层的混合模式,则不难掌握其他工具的混合模式。本书

以"正片叠底""滤色"和"叠加"3个图层的混合模式为例，对图层的混合模式进行讲解。

2. 正片叠底

"正片叠底"是 Photoshop 中常用的混合模式之一，通过"正片叠底"可以将基色与混合色进行混合，得到较暗的结果色。

在"正片叠底"混合模式下，黑色与任何颜色混合，产生黑色；白色与任何颜色混合，颜色不变。除了黑色和白色外，任意两种颜色混合均会得到较暗的结果色。混合模式为"正常"和"正片叠底"的示例如图 4-92 所示。

观察图 4-92，可以看出，上方图层中的白色被隐藏，而保留了图层中的黑色部分。在混合图层时，常常通过"正片叠底"混合模式保留图像中的深色部分。

3. 滤色

"滤色"与"正片叠底"相反，通过"滤色"可以将基色与混合色进行混合，得到较亮的结果色。一般情况下，"滤色"能够保留图层中较亮的部分，隐藏黑色部分。混合模式为"正常"和"滤色"的示例如图 4-93 所示。

观察图 4-93 可以看出，上方图层中的黑色被隐藏，而保留了图层中的亮色部分。在混合图层时，常常通过"滤色"混合模式加亮图像或去掉图像中的黑色部分。

4. 叠加

"叠加"是"正片叠底"和"滤色"的组合模式。通过"叠加"可以将基色与混合色进行混合，在保留基色

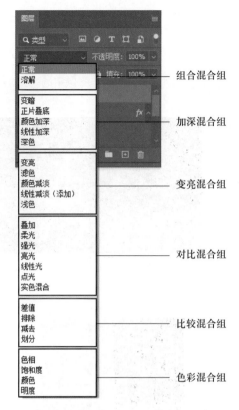

图 4-91 图层的"混合模式"下拉列表

理论微课 4-8：　　　理论微课 4-9：
正片叠底　　　　　　滤色

混合模式为"正常"

混合模式为"正片叠底"

图 4-92 混合模式为"正常"和"正片叠底"的示例

的亮度和暗度的同时增强颜色。混合模式为"正常"和"叠加"的示例如图 4-94 所示。

理论微课 4-10：
叠加

　　观察图 4-94，可以看出，结果色的对比度变得强烈。鉴于"叠加"的这种特性，通常运用"叠加"制作图像中的高光、亮色部分。

混合模式为"正常"

混合模式为"滤色"

图 4-93　混合模式为"正常"和"滤色"的示例

混合模式为"正常"

混合模式为"叠加"

图 4-94　混合模式为"正常"和"叠加"的示例

■ 任务实现

　　根据任务分析思路，【任务 4-2】制作播放器图标的具体实现步骤如下。

　　1. 绘制播放器背景

Step01：新建一个 800 像素 ×800 像素的文档。

Step02：按 Ctrl+S 快捷键，以名称"【任务 4-2】播放器图标. psd"保存文档。

Step03：将背景填充为蓝色（RGB：9、73、158）。

Step04：打开如图 4-95 所示的素材"纹理.jpg"。选择"移动工具"，将素材拖曳到蓝色背景中，使素材铺满整个背景。将素材图层重命名为"云朵素材"。

Step05：在"图层"面板中，设置素材图层的混合模式为"正片叠底"，"正片叠底"效果示例如图 4-96 所示。

Step06：按 Shift+Alt+Ctrl+N 快捷键新建图层，得到"图层 1"。选择"渐变工具"，在"图层 1"中绘制蓝色（RGB：9、73、158）到透明的径向渐变，径向渐变示例如图 4-97 所示。

Step07：选择"椭圆工具"，在画布中绘制一个正圆形状，得到"椭圆 1"图层。设置"填充"为无颜色、"描边"为白色、"描边宽度"为 1 点、实线，正圆形状效果示例如图 4-98 所示。

Step08：在"图层"面板中，设置"椭圆 1"的混合模式为"叠加"，"叠加"效果如图 4-99 所示。

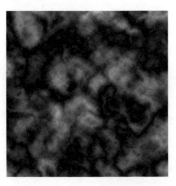

图 4-95　素材"纹理.jpg"

图 4-96　"正片叠底"效果示例

图 4-97　径向渐变示例

Step09：选中背景部分的所有图层，按 Ctrl+G 快捷键组合图层，并命名为"播放器背景"。

2. 绘制播放器基本形状

Step01：选择"椭圆工具"，在画布中绘制一个正圆，命名为"外框 4"，将其填充为浅蓝色（RGB：176、216、254），"外框 4"效果示例如图 4-100 所示。

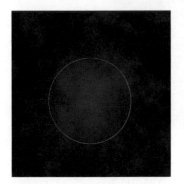

图 4-98　正圆形状效果示例

图 4-99　"叠加"效果

图 4-100　"外框 4"效果示例 1

Step02：复制"外框 4"图层，将复制得到的图层重命名为"外框 3"，并将其填充为白色，调整"外框 3"的大小，"外框 3"效果示例如图 4-101 所示。

Step03：复制"外框 3"图层，将复制得到的图层重命名为"外框 2"，并将其填充为深蓝色（RGB：8、64、139）。调整"外框 2"的大小，"外框 2"效果示例如图 4-102 所示。

Step04：选择"三角形工具" △，在其选项栏中设置"圆角半径"为 4 像素，绘制三角形，将得到的新图层重命名为"中心按钮"，并填充为橙色（RGB：255、132、0）。三角形效果示例如图 4-103 所示。

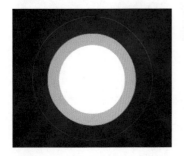

图 4-101　"外框 3"效果示例 1

图 4-102　"外框 2"效果示例 1

图 4-103　三角形效果示例

Step05：选中播放器基本形状的所有图层，按 Ctrl+G 快捷键组合图层，将组重命名为"播放器形状"。

3. 添加图层样式

Step01：双击"外框 4"图层空白处，在打开的"图层样式"对话框中选中"斜面和浮雕"复选框，设置"大小"为 27 像素、阴影模式的颜色为浅蓝色（RGB：152、184、219），"斜面和浮雕"参数设置如图 4-104 所示。

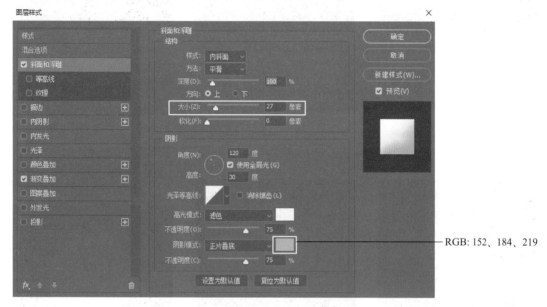

图 4-104　"斜面和浮雕"参数设置 4

Step02：选中"渐变叠加"复选框，设置渐变颜色为浅蓝色（RGB：173、215、255）到白色的线性渐变、"角度"为 135°，"渐变叠加"参数设置如图 4-105 所示。"外框 4"效果示例如图 4-106 所示。

Step03：双击"外框 3"图层空白处，在打开的"图层样式"对话框中选中"投影"复选框，设置阴影颜色为深蓝色（RGB：8、68、147），"外框 3"效果示例如图 4-107 所示。

图 4-105　"渐变叠加"参数设置 4　　　图 4-106　"外框 4"效果示例 2　　　图 4-107　"外框 3"效果示例 2

Step04：双击"外框 2"图层空白处，在打开的"图层样式"对话框中选中"内阴影"复选框，设置内阴影"大小"为 10 像素。"内阴影"参数设置如图 4-108 所示。

Step05：选中"渐变叠加"复选框，设置深蓝（RGB：7、65、139）到浅蓝（RGB：16、104、216）的线性渐变、"角度"为 120°，"渐变叠加"参数设置如图 4-109 所示。"外框 2"效果示例如图 4-110 所示。

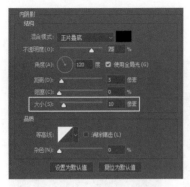

图 4-108 "内阴影"参数设置 2　　　　图 4-109 "渐变叠加"参数设置 5　　　　图 4-110 "外框 2"效果示例 2

Step06：双击"中心按钮"图层空白处，在打开的"图层样式"对话框中选中"斜面和浮雕"复选框，设置"斜面和浮雕"的"样式"为内斜面、"方法"为平滑、"方向"为上、"大小"为 21 像素、阴影"颜色"为淡黄色（RGB：214、162、128），"斜面和浮雕"参数设置如图 4-111 所示。

Step07：选中"渐变叠加"复选框，设置橙色（RGB：255、84、0）到浅橙色（RGB：255、132、0）的线性渐变、"角度"为 90°，"渐变叠加"参数设置如图 4-112 所示。

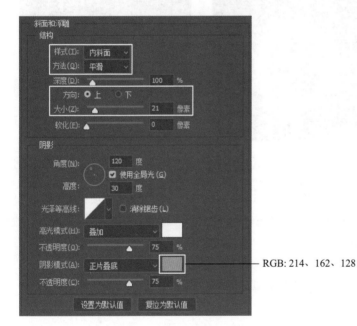

RGB：214、162、128

图 4-111 "斜面和浮雕"参数设置 5　　　　　　　　　图 4-112 "渐变叠加"参数设置 6

Step08：选中"投影"复选框，设置"不透明度"为 20%、"距离"和"大小"均为 2 像素，"投影"参数设置如图 4-113 所示。中心按钮的效果示例如图 4-114 所示。

4. 添加高光和反光

Step01：按 Shift+Alt+Ctrl+N 快捷键新建"图层 2"，使用"渐变工具"绘制白色到透明的径向渐变，渐变效果示例如图 4-115 所示。

Step02：按 Ctrl+T 快捷键调出定界框，右击，在弹出的菜单中选择"透视"命令，调整"图层 2"的形状至如图 4-116 所示样式。按 Enter 键，确认变换操作。

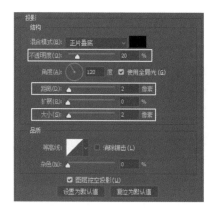

图 4-113　"投影"参数设置 5　　　　图 4-114　中心按钮的效果示例　　　图 4-115　渐变效果示例 1

Step03：在"图层"面板中，设置"图层 2"图层的混合模式为"叠加"，然后旋转图层的方向，"叠加"效果示例如图 4-117 所示。

Step04：复制"图层 2"，此时"叠加"效果更加突出，"叠加"效果示例如图 4-118 所示。

图 4-116　调整"图层 2"的形状　　　图 4-117　"叠加"效果示例 1　　　图 4-118　"叠加"效果示例 2

Step05：按 Shift+Alt+Ctrl+N 快捷键新建"图层 3"。选择"椭圆选框工具" ，在选项栏中设置"羽化"为 1 像素，在"图层 3"中绘制一个椭圆选区，并填充白色，白色的椭圆选区示例如图 4-119 所示。

Step06：按 Ctrl+D 快捷键，取消选区。

Step07：旋转"图层 3"并将其移动至如图 4-120 所示位置，作为高光点。

Step08：重复运用 Step05 和 Step07 中的方法，新建"图层 4"并再次绘制一个高光点，高光点效果示例如图 4-121 所示。

图 4-119　白色的椭圆选区示例　　　图 4-120　高光点效果示例 1　　　图 4-121　高光点效果示例 2

Step09：按 Shift+Alt+Ctrl+N 快捷键，新建"图层 5"，选择"渐变工具"，在新建图层中绘制白色到透明的径向渐变，渐变效果示例如图 4-122 所示。

Step10：按照 Step02 和 Step03 中的方法调整"图层 5"，得到反光区域，反光区域效果示例如图 4-123 所示。

图 4-122　渐变效果示例　　　　图 4-123　反光区域效果示例

Step11：选中样式和光效部分的图层，按 Ctrl+G 快捷键组合图层，并将组命名为"样式和光效"。

5. 制作光效

Step01：在"图层"面板中，单击"创建新组"按钮，创建组并重命名为"蒙版光效"。

Step02：使用"椭圆选框工具"，在画布中绘制一个正圆选区，正圆选区示例如图 4-124 所示。

Step03：新建图层，得到"图层 6"，为选区填充白色，如图 4-125 所示。

Step04：按 Shift+F6 快捷键，打开"羽化选区"对话框，如图 4-126 所示。

图 4-124　正圆选区示例　　　图 4-125　为选区填充白色　　　图 4-126　"羽化选区"对话框

Step05：在"羽化选区"对话框中设置"羽化半径"为 5 像素，单击"确定"按钮。

Step06：通过键盘上的方向键↓、→，移动选区至合适位置，移动选区示例如图 4-127 所示。

Step07：按 Delete 键，删除选区中的内容。按 Ctrl+D 快捷键，取消选区，设置"图层 6"的混合模式为"叠加"，"图层 6"的"叠加"效果示例如图 4-128 所示。

Step08：复制"图层 6"得到"图层 6 拷贝"。将"图层 6 拷贝"旋转至如图 4-129 所示位置。

图4-127　移动选区示例　　图4-128　"图层6"的"叠加"效果示例　　图4-129　旋转"图层6拷贝"示例

至此,播放器图标制作完成。

项目总结

项目4包括两个任务,其中【任务4-1】的目的是让读者掌握图层样式的基本操作,并了解图层样式的种类,完成此任务,读者能够制作金属质感按钮图标。【任务4-2】的目的是让读者掌握图层的混合模式的混合原理,完成此任务,读者能够制作播放器图标。

同步训练:制作质感图标效果

学习完前面的内容,接下来请根据要求完成作业。

要求:请结合前面所学知识,制作质感图标效果。质感图标效果如图4-130所示。

图4-130　质感图标效果

项目5

利用文字美化版面

学习目标

- ◆ 掌握输入和编辑文字的方法，能够完成"中国梦"排版设计。
- ◆ 掌握排列文字和设置字体形状的方法，能够完成"春暖花开"文字变形设计。

项目介绍

文字是一幅作品中的重要组成部分，它能够起到传达信息的作用。通过对文字进行变形、排版等设计，还能起到美化版面、强化主题的作用。Photoshop 提供了多种创建和编辑文字的方法。本项目将通过"中国梦"排版设计和"春暖花开"文字变形设计两个任务，详细讲解文字的相关知识。

PPT:项目5　利用
文字美化版面

教学设计:项目5　利用
文字美化版面

任务 5-1　"中国梦"排版设计

对文字进行排版设计,可以提高文字的可读性,即在视觉方面给予读者美感,在阅读方面减轻读者压力。在 Photoshop 中,使用文字工具可以在画布中添加文字,并通过调整文字的大小、位置对文字进行排版,突出主次关系。本任务将完成"中国梦"排版设计,通过本任务的学习,读者可以掌握输入文字和编辑文字的方法。"中国梦"排版设计效果如图 5-1 所示。

实操微课 5-1:
任务 5-1　"中国梦"排版设计

图 5-1　"中国梦"排版设计效果

■ 任务目标

知识目标	● 熟悉文字工具,能够总结各个文字工具的作用
技能目标	● 掌握输入点文字的方法,能够输入点文字
	● 掌握输入段落文字的方法,能够输入段落文字
	● 掌握编辑文字的方法,能够更改文字内容和角度
	● 掌握设置文字属性的方法,能够设置文字的字间距、行间距等属性

■ 任务分析

本任务中包括主体文字、辅助文字和装饰,可以按照以下思路完成本任务。

1. 输入主体文字

主体文字为"中国梦"3 个字,实现步骤如下。

(1)选择文字工具,在选项栏中设置文字属性。

(2)依次输入"中""国""梦"。

(3)更改文字之间的位置、大小关系。

2. 输入辅助文字

辅助文字包括直排文字和段落文字,输入文字后,在"字符"面板和"段落"面板中调整文字的字间距、行间距等属性。

3. 添加装饰

装饰包括祥云、印章和圆形描边,实现步骤如下。

（1）绘制正圆描边。

（2）置入祥云和印章素材。

（3）调整祥云和印章素材的样式。

■ 知识储备

1. 认识文字工具

Photoshop 提供了 4 种输入文字的工具,分别是"横排文字工具" ，"直排文字工具" ，"直排文字蒙版工具" 和"横排文字蒙版工具" ，具体如下。

（1）"横排文字工具"和"直排文字工具"可以创建点文字、段落文字。

（2）"横排文字蒙版工具"和"直排文字蒙版工具"可以创建横排或直排文字形状的选区。

理论微课 5-1：
认识文字工具

在 Photoshop 中,若想输入文字,可使用"横排文字工具"和"直排文字工具",前者用于创建横向文字,即沿着水平方向进行排列的文字;后者用于创建竖排文字,即沿着垂直方向进行排列的文字。横排文字与直排文字示例如图 5-2 所示。

选择文字工具后,选项栏就会显示与文字工具对应的选项,在选项栏中可以设置文字的相关属性。4 种文字工具的选项栏类似,下面以"横排文字工具"选项栏为例,讲解文字工具选项栏中的选项。选择"横排文字工具",其选项栏如图 5-3 所示。

有志者事竟成

有志者事竟成

图 5-2　横排文字与直排文字示例

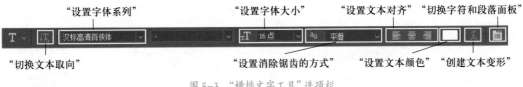

图 5-3　"横排文字工具"选项栏

如图 5-3 所示的"横排文字工具"选项栏中包括"切换文本取向""设置字体系列"等选项,具体如下。

（1）"切换文本取向":用于设置文字的排列方向,选择该选项,可将文字在水平方向和垂直方向相互切换。

（2）"设置字体系列":用于设置文字的字体。

（3）"设置字体大小":用于设置文字的大小。

（4）"设置消除锯齿的方式":用于设置是否消除文字边缘的锯齿,以及用什么方式消除文字边缘的锯齿。

（5）"设置文本对齐":用于设置文字的对齐方式,包括"左对齐文本" "居中对齐文本" 和"右对齐文本" 。

（6）"设置文本颜色":用于设置文字的颜色。

（7）"创建文本变形":用于变形文字。

（8）"切换字符和段落面板"：用于显示或隐藏"字符"和"段落"面板。

多学一招 在计算机中安装字体

一般情况下，计算机中自带了基本字体，但在实际的设计应用中，会需要更多的字体，以满足不同的设计需求，这时，需要安装字体文件。将准备好的字体文件复制到 C 盘 Windows 文件夹下的 Fonts 文件夹内，即可安装字体。重启 Photoshop 后便可以应用新安装的字体。

2. 输入点文字

点文字是一个水平或垂直的文本行，以单击点作为点文字的开始位置。点文字不会自动换行，在输入文字的过程中，按 Enter 键才能换行。下面以输入横排点文字为例，介绍输入点文字的流程。

（1）选择"横排文字工具"。

（2）单击画布，鼠标指针处将出现一个闪烁的光标，代表已进入文字编辑状态。闪烁的光标示例如图 5-4 所示。

（3）输入文字"《上堂开示颂》"，文字示例如图 5-5 所示。

（4）单击"横排文字工具"选项栏中的"提交当前所有编辑"按钮☑（或按 Ctrl+Enter 快捷键），完成点文字的输入，点文字示例如图 5-6 所示。

图 5-4　闪烁的光标示例

图 5-5　《上堂开示颂》文字示例

图 5-6　点文字示例

理论微课 5-2：
输入点文字

3. 输入段落文字

段落文字是有指定文字区域的文字，文字在文字区域内显示，待输入的文字达到文字区域的边缘时，文字会自动换行排列。下面以输入横排段落文字为例，介绍输入段落文字的流程。

（1）选择"横排文字工具"。

（2）将鼠标指针悬停在画布上，按住鼠标左键并拖曳，创建一个文字区域，释放鼠标后，同样会出现一个闪烁的光标，代表已进入文字编辑状态。创建文字区域示例如图 5-7 所示。

（3）输入如图 5-8 所示的文字。

图 5-7　创建文字区域示例　　　　　　图 5-8　文字

理论微课 5-3：
输入段落文字

（4）单击"横排文字工具"选项栏中的"提交当前所有编辑"按钮☑（或按 Ctrl+Enter 快捷键），完成段落文字的输入。

脚下留心　文字区域内的文字显示不全

　　输入段落文字时，会创建一个文字区域，通过拖曳文字区域的边缘，可以扩大或缩小文字区域，进而改变文字区域内文字的显示状态。当区域较小，而文字较多时，文字会被隐藏，这时，放大区域，可以显示隐藏的文字。在区域中输入文字后，将鼠标指针移至文字区域的角点上，当鼠标指针变成 样式时，拖曳鼠标可以放大文字区域，放大文字区域示例如图 5-9 所示。

　　由图 5-9 可以看出，左侧文字区域的右下角显示 ，这表示文字未显示完整，当放大文字区域后，文字区域内可以容纳的文字数量随着文字区域的放大而增多。当右下角的 变为 时，表示文字显示完整。

　　另外，在缩放文字区域时，按住 Shift 键可以保持文字区域的缩放比例。

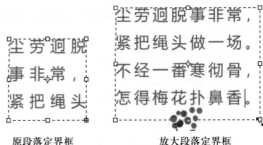

原段落定界框　　　　放大段落定界框

图 5-9　放大文字区域示例

4. 编辑文字

　　编辑文字包括改变文字的位置、编辑文字的内容以及旋转或斜切文字，以下介绍编辑文字的方法。

理论微课 5-4：
编辑文字

　　（1）改变文字的位置

　　若文字处于编辑状态，可以按住 Ctrl 键的同时，拖曳文字，移动文字的位置。若已完成文字的输入，可以使用"移动工具"拖曳文字，移动文字的位置。

　　（2）编辑文字的内容

　　若文字处于编辑状态，可以直接对文字内容进行更改。若已完成文字的输入，可以通过下列方法进入文字的编辑状态。

　　① 使用"移动工具"双击文字。

② 使用文字工具单击文字。

③ 双击文字所在图层的图层缩览图。

文字进入编辑状态后,编辑文字内容即可。

（3）旋转或斜切文字

完成文字的输入后,按 Ctrl+T 快捷键调出定界框,对定界框进行旋转、斜切等操作后,定界框中的文字也会随之改变。若文字处于编辑状态,可以按住 Ctrl 键,临时调出定界框,此时,可以直接对定界框执行旋转、斜切等操作,定界框中的文字也会随之改变。旋转和斜切文字示例分别如图 5-10 和图 5-11 所示。

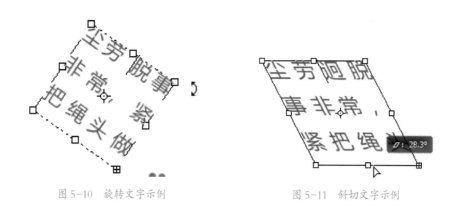

图 5-10　旋转文字示例　　　　　　图 5-11　斜切文字示例

5. 设置文字属性

文字属性包括字体、字间距等字符属性和左缩进、右缩进等段落属性。在 Photoshop 中,可以选中文字,或在选中文字所在图层后,通过"字符"面板和"段落"面板设置文字属性。以下介绍"字符"面板和"段落"面板。

理论微课 5-5:
设置文字属性

（1）"字符"面板

在"字符"面板中可以设置字符属性。例如,可以通过"字符"面板对文字的字体、大小、颜色等字符属性进行设置。

选择"窗口"→"字符"选项,或在文字编辑的状态下,按 Ctrl+T 快捷键,打开"字符"面板,如图 5-12 所示。

在如图 5-12 所示的"字符"面板中,一些选项与文字工具选项栏中的选项相同,此处不再赘述。

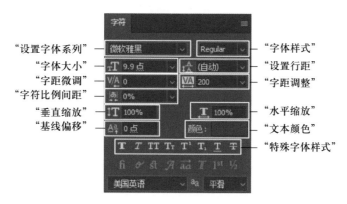

图 5-12　"字符"面板

以下介绍"字符"面板中的其他选项。

①"设置行距":用于设置文字行之间的间距。

②"字距微调":用于设置两个字符之间的间距。"字距微调"选项必须在文字编辑状态下,将鼠标指针定位在两个文字中间后,数值才能生效。

③"字距调整":用于设置文字与文字之间的间距。

④"字符比例间距":用于设置文字的比例间距。

⑤"垂直缩放":用于调整文字的高度。

⑥"水平缩放":用于调整文字的宽度。当"垂直缩放"和"水平缩放"两个百分比相同时,可进行等比缩放。

⑦"基线偏移":用于控制文字与基线的距离,可以升高或降低所选文字。

⑧"特殊字体样式":用于创建仿粗体、斜体等文字样式,以及为字符添加下画线、删除线等文字效果。

(2)"段落"面板

"段落"面板用于设置段落属性。例如,可以通过"段落"面板对段落文字的缩进进行设置。选择"窗口"→"段落"选项,会打开"段落"面板,如图 5-13 所示。

在如图 5-13 所示的"段落"面板中,包括"左缩进""右缩进"和"首行缩进"等常用参数,对这些参数的介绍如下。

①"左缩进":用于设置段落文字的左缩进值。横排文字从段落的左边缩进,直排文字从段落的顶端缩进。

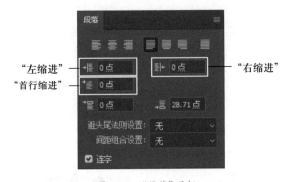

图 5-13 "段落"面板

②"右缩进":用于设置段落文字的右缩进值。横排文字从段落的右边缩进,直排文字从段落的底部缩进。

③"首行缩进":用于缩进段落中的首行文字。

■ 任务实现

根据任务分析思路,【任务 5-1】"中国梦"排版设计的具体实现步骤如下。

1. 输入主体文字

Step01:新建一个 500 像素 ×500 像素的文档。

Step02:选择"横排文字工具"T,在"横排文字工具"选项栏中设置字体为"汉标高清百侠体"、字体大小为 220 点,字体颜色为黑色。

Step03:在画布上单击,输入文字"中",文字示例如图 5-14 所示。

Step04:按照 Step02 和 Step03 的步骤输入"国""梦"两个字,调整文字的大小和位置,文字的大小和位置示例如图 5-15 所示。

Step05:将"梦"字填充为红色(RGB:207、19、20),文字样式示例如图 5-16 所示。

图 5-14　文字示例 1　　　　图 5-15　文字的大小和位置示例　　　　图 5-16　文字样式示例

2. 输入辅助文字

Step01：使用"椭圆工具"⬭绘制一个颜色为棕红色（RGB：87、39、25）的正圆，得到"椭圆 1"，复制"椭圆 1"，得到"椭圆 1 拷贝"，移动"椭圆 1 拷贝"，正圆的大小和位置示例如图 5-17 所示。

Step02：使用"横排文字工具"在画布上单击，输入点文字"圆""梦"，并将文字分别放置在棕红色的正圆上。

Step03：选择"窗口"→"字符"选项，打开"字符"面板，在"字符"面板中设置字体为"包图简圆体"、字体大小为 27 点，文字示例如图 5-18 所示。

Step04：使用"直排文字工具"ⓣ输入点文字，设置字体为"创意简标宋"、字体大小为 16 点、字体颜色为棕红色（RGB：87、39、25）、字间距为 200。直排文字示例如图 5-19 所示。

图 5-17　正圆的大小和位置示例　　　　图 5-18　文字示例 2　　　　图 5-19　直排文字示例 1

Step05：继续使用"直排文字工具"输入点文字，在"字符"面板中，设置字体为"Arial"、字体大小为 8 点、颜色为棕红色（RGB：87、39、25）、字间距为 0，直排文字示例如图 5-20 所示。

Step06：使用"直排文字工具"在画布中单击并拖曳，创建文字区域，复制"文案素材.txt"中的文字，粘贴至文字区域内。

Step07：在"字符"面板中，设置字体为"创意简标宋"、字体大小为 10 点、行间距为 16 点、字间距为 0、字体颜色为灰色（RGB：72、72、72）。段落文字示例如图 5-21 所示。

Step08：使用"直线工具"▨绘制一条垂直的棕红色（RGB：87、39、25）直线，直线示例如图 5-22 所示。

图 5-20 直排文字示例 2　　图 5-21 段落文字示例　　图 5-22 直线示例

3. 添加装饰

Step01：使用"椭圆选框工具" 🔲，绘制一个正圆形选区，正圆形选区示例如图 5-23 所示。

Step02：新建图层，得到"图层 1"。

Step03：使用选区工具在画布上右击正圆形选区，在弹出的菜单中选择"描边"选项，此时，会打开"描边"对话框，如图 5-24 所示。

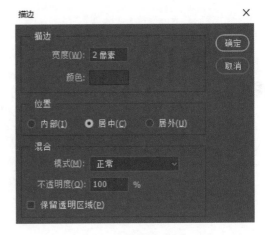

图 5-23 正圆形选区示例　　　　图 5-24 "描边"对话框

Step04：在如图 5-24 所示的"描边"对话框中，设置"宽度"为 2 像素、"颜色"为棕红色（RGB：87、39、25），单击"确定"按钮，按 Ctrl+D 快捷键取消选区，完成选区的描边，描边示例如图 5-25 所示。

Step05：将"图层 1"重命名为"正圆描边"。

Step06：依次置入"祥云.png"和"印章.png"素材，将其大小和位置进行调整。素材位置和大小示例如图 5-26 所示。

Step07：选中祥云所在图层，为其添加"颜色叠加"图层样式，设置叠加颜色为棕红色（RGB：87、39、25）。

Step08：使用"直排文字工具"输入文字"中国魂"，在"字符"面板中设置字体为"汉标高清百侠体"、字体大小为 16 点、字间距为 -150、字体颜色为白色，文字示例如图 5-27 所示。

图 5-25　描边示例

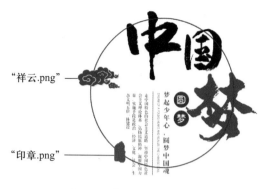

图 5-26　素材位置和大小示例

Step09：选中"正圆描边"图层，使用"橡皮擦工具" 擦除正圆描边与字重合的区域。

Step10：选中除背景外的所有图层，为选中图层编组，并重命名为"文字排版"。

Step11：打开素材"背景. jpg"，如图 5-28 所示。

Step12：按 Ctrl+S 快捷键，以名称"【任务 5-1】'中国梦'排版设计. psd"保存文档。

Step13：将"文字排版"图层组拖曳至"【任务 5-1】'中国梦'排版设计. psd"文档窗口中，调整图层组的位置和大小。

图 5-27　文字示例 3

图 5-28　素材"背景.jpg"

至此，"中国梦"排版设计完成。

任务 5-2　"春暖花开"文字变形设计

在 Photoshop 中，不仅可以使文字围绕指定的路径进行排列，还可以将文字转换为形状或路径，对文字的形状或路径进行调整。本任务将完成"春暖花开"文字变形设计，通过本任务的学习，读者能够掌握排列文字和设置字体形状的方法。文字变形效果如图 5-29 所示。

实操微课 5-2：
任务 5-2 "春暖
花开"文字变形
设计

图 5-29 文字变形效果

■ 任务目标

技能目标	● 掌握根据路径输入文字的方法,能够使文字围绕路径进行排列 ● 掌握文字的转换方法,能够将文字转换为路径和形状

■ 任务分析

本任务涉及的元素包括文字和装饰素材。输入文字后,需要将文字转换为形状,再逐一调整文字的形状。调整形状后,为文字添加装饰素材。可以按照以下思路完成本任务。

1. 调整文字"春"的形状

调整文字"春",简化和拉伸文字形状。

2. 调整其他文字的形状

在该部分继续调整"暖""花""开"文字的形状。实现步骤如下。

(1)将"暖"和"春"字进行连接。

(2)利用形状工具绘制圆形,再通过形状的布尔运算,得到"暖"右上方的圆环形。

(3)将"花"和"开"进行连接。

3. 添加装饰素材

置入树枝、太阳和树叶素材作为装饰,并对素材的位置和大小进行调整。

■ 知识储备

1. 根据路径输入文字

根据路径输入文字是指输入的文字沿着开放路径或闭合路径的边缘进行排列,改变路径时,文字的排列方式也会随之改变。根据路径输入文字的流程如下。

理论微课 5-6:
根据路径输入
文字

(1)绘制路径。

(2)使用文字工具,单击路径。

(3)输入文字。

例如,打开素材"路径文字.jpg",如图 5-30 所示。

在如图 5-30 所示的素材上绘制路径,路径如图 5-31 所示。

图 5-30　素材"路径文字.jpg"　　　　　　　　图 5-31　路径

选择"横排文字工具" T ,将鼠标指针放置在路径上,当鼠标指针变为 ⇂ 状态时,单击,此时出现闪烁的光标,表示已进入文字编辑状态。闪烁的光标示例如图 5-32 所示。

出现闪烁的光标后,输入如图 5-33 所示的文字。

在路径上输入文字时,文字既可以在路径的上方也可以在路径的下方,使用"路径选择工具" ▶ 或"直接选择工具" ▶ 拖曳文字,可以改变文字的方向。

需要注意的是,在路径上输入文字时,路径的终点处可能会显示 ⊕ 图标,这表示文字未显示完全,文字未完全显示示例如图 5-34 所示。

图 5-32　闪烁的光标　　　　　　图 5-33　输入文字　　　　　　图 5-34　文字未完全
　　　　示例　　　　　　　　　　　　　　　　　　　　　　　　　　显示示例

如图 5-34 所示的情况,可能是由于文字的输入范围过小,也可能是由于文字数量多,文字大或路径短导致的,需要根据不同的情况采取不同的解决办法。

当文字的输入范围过小时,需要扩大文字的输入范围,将文字完全显示。扩大文字输入范围的流程如下。

（1）输入文字后,选择"路径选择工具"或"直接选择工具"。

（2）将鼠标指针放置在文字上,当鼠标指针变为 ▶ 样式时,拖曳鼠标,可以看到 ↓ 或 ↓ 图标,这两个图标分别代表路径上文字区域的起点和终点,即起点图标和终点图标。拖曳起点图标或终点图标,使这两个图标的间距变大,当两个图标均处于路径的两端时,表示文字的输入范围已经扩大到极限。

一般情况下,完成上述两个流程后,文字会完全显示。若仍旧未完全显示,表示文字数量多、文字大或路径短,这时,需要调整文字的数量、大小或路径的长短。

当然,在 Photoshop 中,不仅能够在路径上输入文字,还可以在椭圆形、矩形等封闭路径的内部输入文字,将鼠标指针放在路径内部,当鼠标指针变成 ① 样式时,单击确定插入点并输入文字,文字可

以在路径内部进行排列。文字在路径内部排列示例如图 5-35 所示。

2. 文字的转换

在 Photoshop 中,可以直接将文字转换为路径或形状,从而对文字的路径或文字的形状进行调整,以下介绍转换文字的方法。

（1）将文字转换为路径

输入文字,选择文字所在图层,右击,在弹出的菜单中选择"创建工作路径"选项,如图 5-36 所示。

理论微课 5-7:
文字的转换

图 5-35　文字在路径内部排列示例

此时,文字路径创建完成,文字路径示例如图 5-37 所示。

将文字转换为路径后,路径独立存在,当使用"路径选择工具"移动路径时,会看到路径,使用"直接选择工具"调整路径时,只能改变文字的路径,不会改变文字。改变文字的路径示例如图 5-38 所示。

（2）将文字转换为形状

输入文字,右击文字所在图层,在弹出的快捷菜单中选择"转换为形状"选项,如图 5-39 所示。

此时,文字图层被转换为形状图层,使用"直接选择工具"调整路径时,会改变文字的形状,改变文字的形状示例如图 5-40 所示。

图 5-36　选择"创建工作路径"选项

图 5-37　文字路径示例

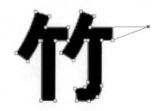

图 5-38　改变文字的路径示例

图 5-39　选择"转换为形状"选项

图 5-40　改变文字形状示例

■ **任务实现**

根据任务分析思路,【任务 5-2】"春暖花开"文字变形设计的具体实现步骤如下。

1. 调整文字"春"的形状

Step01:新建一个 500 像素 ×500 像素的文档。

Step02:使用"横排文字工具" **T** 依次输入点文字"春""暖""花""开"(颜色任意),文字位置和大小示例如图 5-41 所示。

Step03：选中"春"所在文字图层，右击，在弹出的菜单中选择"创建工作路径"选项。使用"路径选择工具" ▶右击路径，将路径定义为自定形状。

Step04：选择"自定形状工具" ⚒，绘制 Step03 定义的自定形状。隐藏"春"文字图层。

Step05：选择"春"所在图层，使用"直接选择工具" ▶，选择锚点并向上移动，移动锚点示例如图 5-42 所示。

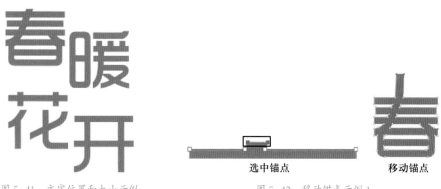

图 5-41 文字位置和大小示例   图 5-42 移动锚点示例 1

Step06：选择"钢笔工具" ✑，将鼠标指针放在路径上添加锚点，并向右移动 2 像素，移动锚点示例如图 5-43 所示。

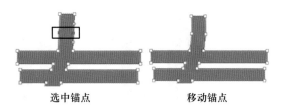

图 5-43 移动锚点示例 2

Step07：选中两个锚点，进行移动，移动锚点示例如图 5-44 所示。

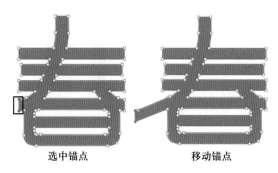

图 5-44 移动锚点示例 3

Step08：添加两个锚点并向下移动两个像素，调整路径。调整路径示例如图 5-45 所示。

图 5-45 调整路径示例 3

Step09：删除选中的锚点，如图 5-46 所示。

图 5-46 删除锚点

Step10：使用"钢笔工具"将形状路径封闭，封闭形状路径示例如图 5-47 所示。

Step11：选中锚点，并移动选中的锚点，至如图 5-48 所示样式。

图 5-47 封闭形状路径示例　　　　　　图 5-48 选中和移动锚点

Step12：将 Step11 移动的锚点垂直对齐，并使用"钢笔工具"将锚点连接，连接锚点示例如图 5-49 所示。

Step13：添加并移动锚点，如图 5-50 所示。

图 5-49 连接锚点示例　　　　　　图 5-50 添加并移动锚点

2. 调整其他文字路径

Step01:选择"暖"所在图层,将"暖"字创建工作路径,并定义为自定形状。使用"自定形状工具"绘制形状,隐藏"暖"文字图层。

Step02:使用"钢笔工具"添加图 5-51 所示的两个锚点。

Step03:删除 Step02 中两个黑框标识之间的锚点,删除锚点示例,如图 5-52 所示。

Step04:添加并删除锚点,分别如图 5-53 的左图和右图所示。

图 5-51　添加两个锚点　　　　图 5-52　删除锚点示例　　　　　　图 5-53　添加并删除锚点

Step05:选中锚点,向下移动,移动锚点示例如图 5-54 所示。

Step06:使用"钢笔工具"将路径连接,连接路径示例如图 5-55 所示。

Step07:继续调整路径,调整路径示例如图 5-56 所示。

图 5-54　移动锚点示例 4　　　图 5-55　连接路径示例　　　图 5-56　调整路径示例 4

Step08:通过形状的布尔运算,绘制正圆环形状,如图 5-57 所示。

Step09:继续通过形状的布尔运算,得到半圆环形状,如图 5-58 所示。

Step10:选择绘制的形状和暖所在图层,将两个图层合并,然后合并形状组件。

Step11:继续调整"暖"的路径,暖的路径示例如图 5-59 所示。

图 5-57　正圆环形状　　　　图 5-58　半圆环形状　　　　图 5-59　暖的路径示例

Step12：依次为"花"和"开"创建工作路径，并定义为自定形状，绘制自定形状。

Step13：调整"花"和"开"的形状路径，"花"和"开"路径示例如图 5-60 所示。

Step14：将 4 个文字形状填充为粉色（RGB：245、116、112），文字颜色示例如图 5-61 所示。

图 5-60 "花"和"开"路径示例   图 5-61 文字颜色示例

3. 添加装饰

Step01：使用"横排文字工具"输入文字，设置字体为"Kaileen"，文字内容、字体大小和颜色示例如图 5-62 所示。

Step02：依次置入素材"树干.png""太阳.png"和"叶子.png"，素材展示如图 5-63 所示。

树干.png   太阳.png   叶子.png

图 5-62 文字内容、字体大小和   图 5-63 "树干、太阳、叶子"素材展示
颜色示例

Step03：调整 Step02 置入的素材的大小和位置至如图 5-64 所示样式。

Step04：使用"弯度钢笔工具"绘制曲线，曲线示例如图 5-65 所示。

Step05：选择"横排文字工具"，在选项栏中单击"左对齐文本"按钮。

Step06：将鼠标指针放在路径上单击，确定输入点，输入文字"Warm spring"，文字示例如图 5-66 所示。

Step07：选中除背景外的所有图层，为选中图层编组，将组重命名为"文字变形"。

图 5-64 素材的大小和位置

Step08：打开素材"背景. jpg"，如图 5-67 所示。

Step09：按 Ctrl+S 快捷键，以名称"【任务 5-2】'春暖花开' 文字变形设计. psd"保存文档。

Step10：将"文字变形"图层组拖曳至"【任务 5-2】'春暖花开' 文字变形设计. psd"文档窗口中，调整位置和大小。

图 5-65　曲线示例

图 5-66　文字示例 4

图 5-67　素材"背景.jpg"

至此，"春暖花开"文字变形设计完成。

项目总结

项目 5 包括两个任务，其中【任务 5-1】的目的是让读者能够掌握文字工具的使用方法、文字属性的设置方法。完成此任务，读者能够完成"中国梦"排版设计。【任务 5-2】的目的是让读者掌握根据路径输入文字的方法，以及转换文字的方法。完成此任务，读者能够完成"春暖花开"文字变形设计。

同步训练：制作邮戳图案效果

学习完前面的内容，接下来请根据要求完成作业。

要求：请结合前面所学知识，制作邮戳图案效果。邮戳图案效果如图 5-68 所示。

图 5-68　邮戳图案效果

项目6

利用调色选项融合图像

- ◆ 掌握调色选项的使用方法，能够完成京剧宣传海报的制作。
- ◆ 掌握"画笔工具"的使用方法以及通道的基本操作，能够完成孔雀展宣传海报的制作。

项目4使用图层样式和图层混合模式融合图像，本项目将通过调色选项对图像进行融合。Photoshop提供了多个用于调色的选项，如"色彩平衡""曲线""色相/饱和度"等。而在调色的过程中，离不开通道。本项目将通过制作京剧宣传海报和孔雀展宣传海报两个任务，详细讲解调色选项和通道的相关知识。

PPT：项目6 利用调色
选项融合图像

教学设计：项目6 利用
调色选项融合图像

任务 6-1　制作京剧宣传海报

为多个图层中的图像调色,能够使图像融合得更加自然。Photoshop 提供了多个调色选项,如"亮度 / 对比度""色阶""色彩平衡"等。本任务将制作京剧宣传海报,通过本任务的学习,读者可以掌握调色选项的使用方法。京剧宣传海报效果如图 6-1 所示。

图 6-1　京剧宣传海报效果

实操微课 6-1:
任务 6-1　京剧
宣传海报

■ 任务目标

技能目标	● 掌握"亮度 / 对比度"的使用方法,能够调整图像的亮度和对比度 ● 掌握"色阶"的使用方法,能够分别调整图像的阴影、中间调和高光 ● 掌握"色彩平衡"的使用方法,能够校正图像的偏色现象 ● 掌握"去色"的使用方法,能够为图像去色 ● 掌握"曲线"的使用方法,能够精确地调整图像的阴影、中间调和高光 ● 掌握"色相 / 饱和度"的使用方法,能够调整图像的色相、明度和饱和度

■ 任务分析

本任务提供了多个素材,但素材的色调不一致,在使用这些素材制作京剧宣传海报时,可以按照以下思路完成本任务。

1. 合成海报

该部分只需要将素材置入,并逐一调整素材的大小、位置、角度即可。

2. 调整素材颜色

该部分需要调整各素材的颜色,使海报的整体颜色和谐,具体步骤如下。

(1)为背景素材去色,并调整其明度。

(2)为京剧人物校正颜色。

(3)调整青花图案的饱和度和明度。

3. 为海报添加元素

海报中的元素包括深蓝色正圆形、文字以及渐变颜色,具体步骤如下。

(1)绘制深蓝色正圆形,并调整图层顺序。

(2)输入文字,并调整样式。

(3)新建图层,绘制渐变,设置渐变所在图层的混合模式。

■ 知识储备

1. 亮度和对比度

在"亮度 / 对比度"对话框中,可以快速调整图像的亮度和对比度。选择"图像"→"调整"→"亮度 / 对比度"选项,会打开"亮度 / 对比度"对话框,如图 6-2 所示。

理论微课 6-1:
亮度和对比度

在如图 6-2 所示的"亮度 / 对比度"对话框中,可以看到"亮度"和"对比度"两个用于调整图像的选项,对这两个选项的介绍如下。

（1）"亮度"

用于调整图像的亮度,取值范围是 –150~150。向左拖曳滑块,数值为负数,图像亮度降低;向右拖曳滑块,数值为正值,图像亮度提高。

（2）"对比度"

用于调整图像亮部和暗部之间的亮度差异,取值范围是 –50~100。向左拖曳滑块,数值显示为负值,图像对比度降低;向右拖曳滑块,数值显示为正值,图像对比度提高。

例如,打开图像"茶.jpg",如图 6-3 所示。

图 6-2　"亮度 / 对比度"对话框

图 6-3　图像"茶.jpg"

观察图 6-3 中的图像,会发现图像较暗,这时需要提高图像的亮度。选择"图像"→"调整"→"亮度 / 对比度"选项,在打开的"亮度 / 对比度"对话框中,向右拖曳"亮度"滑块,设置"亮度"为 80。"亮度 / 对比度"参数示例如图 6-4 所示。

单击如图 6-4 所示"亮度 / 对比度"对话框中的"确定"按钮,完成设置。调整图像亮度示例如图 6-5 所示。

图 6-4　"亮度 / 对比度"参数示例

图 6-5　调整图像亮度示例

2. 色阶

"色阶"可以调整图像的阴影、中间调和高光的强度级别。打开图像"百宝嵌.jpg",如图 6-6 所示。

选择"图像"→"调整"→"色阶"选项(或按 Ctrl+L 快捷键),打开"色阶"对话框,如图 6-7 所示。

在如图 6-7 所示的"色阶"对话框中,可以看到"预设""通道""输入色阶""输出色阶"4 个选项,对这 4 个选项的介绍如下。

理论微课 6-2:
色阶

图 6-6　素材"百宝嵌.jpg"

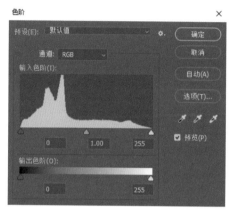

图 6-7　"色阶"对话框 1

（1）"预设"

"预设"选项中包含了多个系统预设好的调色选项,选择不同的调色选项,系统会自动对图像进行调整。

（2）"通道"

通过"通道"选项,可以选择图像中的单个颜色通道进行调整。单击"通道"选项,会弹出"通道"下拉列表,如图 6-8 所示。

在调整 RGB 颜色模式图像的色阶时,在"通道"下拉列表中选择任意一个通道,拖曳下方滑块时,即可针对该通道进行调整。例如,调整素材"百宝嵌.jpg"的"红"通道示例如图 6-9 所示。

图 6-8　"通道"下拉列表

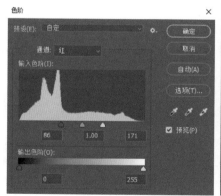

图 6-9　调整素材"百宝嵌.jpg"的"红"通道示例

（3）"输入色阶"

"输入色阶"用于调整图像的阴影、中间调和高光区域，从而提高图像的对比度。在"输入色阶"中，深灰色滑块代表阴影、浅灰色滑块代表中间调、白色滑块代表高光区域。向左拖曳白色滑块或浅灰色滑块，可以提高图像的亮度；向右拖曳深灰色滑块或浅灰色滑块，可以降低图像的亮度。

（4）"输出色阶"

"输出色阶"可以限制图像的亮度范围，从而降低对比度，使图像呈现出类似褪色的效果。向右拖曳深灰色滑块，可以降低图像暗部的对比度，向左拖曳白色滑块，可以降低图像亮部的对比度。

3. 色彩平衡

"色彩平衡"能够校正图像中的偏色现象。选择"图像"→"调整"→"色彩平衡"选项（或按 Ctrl+B 快捷键），打开"色彩平衡"对话框，如图 6-10 所示。

理论微课 6-3：
色彩平衡

在如图 6-10 所示的"色彩平衡"对话框中，可以看到"色彩平衡""色调平衡"和"保持明度"3 个选项，对各选项的解释如下。

（1）"色彩平衡"：用于平衡图像中的颜色。若需要在图像中添加哪种颜色，就拖曳滑块至指定颜色处。

（2）"色调平衡"：用于选择需要调整的色调范围，包括"阴影""中间调"和"高光"。

（3）"保持明度"：选中"保持明度"复选框，可以在调整颜色平衡的过程中保持图像整体明度不变。

例如，打开图像"雕漆.jpg"，如图 6-11 所示。

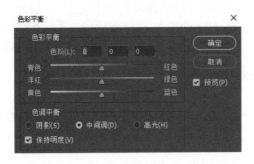

图 6-10 "色彩平衡"对话框

图 6-11 图像"雕漆.jpg"

观察图 6-11，可以看出，图像略偏青色，为了校正图像中的偏色，可以为图像增加红色。选择"图像"→"调整"→"色彩平衡"选项（或按 Ctrl+B 快捷键），打开"色彩平衡"对话框，拖曳滑块增加红色，增加红色示例如图 6-12 所示。

单击图 6-12 中的"确定"按钮，完成设置。校正偏色示例如图 6-13 所示。

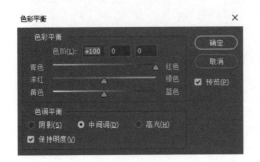

图 6-12 增加红色示例

图 6-13 校正偏色示例

4. 去色

"去色"可以去除图像中的彩色,将图像转换为黑白效果。选择"图像"→"调整"→"去色"选项(或按 Shift+Ctrl+U 快捷键),可直接将图像转换为黑白效果。图像去色前后对比效果示例如图 6-14 所示。

理论微课 6-4:
去色

需要注意的是,在 Photoshop 中,图像一般由多个图层组成,"去色"选项只作用于被选中的图层或选区。

去色前　　　　　　　　　　　　　　　去色后

图 6-14　图像去色前后对比效果示例

5. 曲线

"曲线"用于调整图像的阴影、中间调和高光,它和"色阶"选项相似,但比"色阶"选项对图像的调整更加精确。选择"图像"→"调整"→"曲线"选项(或按 Ctrl+M 快捷键),会打开"曲线"对话框,如图 6-15 所示。

理论微课 6-5:
曲线

观察图 6-15 中的"曲线"对话框,可以发现位于左侧的图形区域中包含一条对角线。在调整 RGB 颜色模式的图像时,右上角区域代表高光,左下角区域代表阴影。图形区域的水平轴表示输入色阶;垂直轴表示输出色阶。当曲线整体向上弯曲时,图像变亮;当曲线整体向下弯曲时,图像变暗。

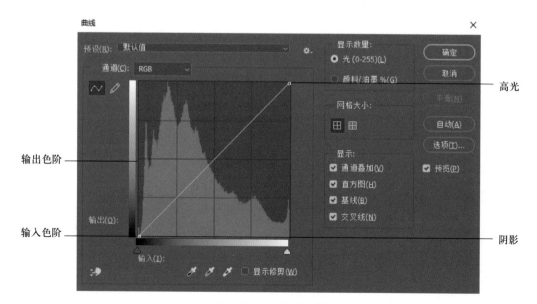

图 6-15　"曲线"对话框

　　除此之外，"曲线"对话框还包含多个用于调整曲线的选项，如图 6-16 所示。

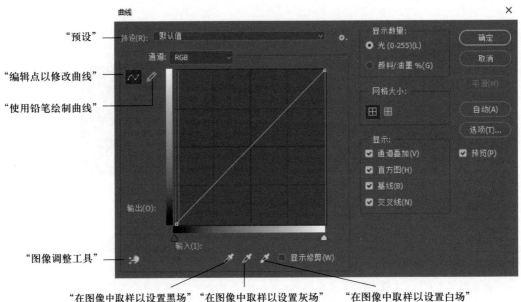

图 6-16　用于调整曲线的选项

　　"曲线"对话框中包含"预设""编辑点以修改曲线""使用铅笔绘制曲线"等调整曲线的选项，对这些选项的解释如下。

　　（1）"预设"：包含了 Photoshop 提供的各种预设，选择预设可以直接调整图像。在"预设"中选择"默认值"还可以将调整过的曲线恢复为默认。

　　（2）"编辑点以修改曲线"：单击 ⌁ 选中"编辑点以修改曲线"选项，在曲线上单击可以添加控制点，移动控制点可以改变曲线的形状，从而调整图像色调。该选项为默认选中状态。

　　（3）"使用铅笔绘制曲线"：单击 ✏ 选中"使用铅笔绘制曲线"选项，可以在图形中自由绘制曲线，从而调整图像色调。

　　（4）"图像调整工具"：单击 ☝ 选中"图像调整工具"选项，将鼠标指针移至图像上，此时，曲线上会出现 ⊡ 图标，这个图标代表了鼠标指针处的色调在曲线上的位置，单击并拖曳鼠标可添加控制点并调整曲线形状，从而调整图像色调。

　　（5）"在图像中取样以设置黑场"：单击 ✎ 选中"在图像中取样以设置黑场"选项，将鼠标指针移至图像上，单击，Photoshop 将定义单击处的像素为黑点，并重新分布图像中的像素值，从而使图像变暗。

　　（6）"在图像中取样以设置灰场"：单击 ✎ 选中"在图像中取样以设置灰场"选项，将鼠标指针移至图像上，单击，可以在图像中消除这种颜色，从而能够校正图像的偏色现象。

　　（7）"在图像中取样以设置白场"：单击 ✎ 选中"在图像中取样以设置白场"选项，将鼠标指针移至图像上，单击，Photoshop 将定义单击处的像素为白点，并重新分布图像中的像素值，从而使图像变亮。

　　在使用"曲线"选项调整图像时，可以在曲线上添加多个控制点，从而对图像的色彩进行精确的调整，曲线中较陡的部分表示该区域对比度较强，曲线中较平缓的部分表示该区域对比度较弱。

例如,若想增加图像中间调的对比度,只需将曲线的中间区域调陡即可。调整图像中间调前后对比示例如图 6-17 所示。

调整图像中间调前　　　　　　　　调整图像中间调后

图 6-17　调整图像中间调前后对比示例

注意:

　如果图像是 CMYK 模式,那么当曲线向上弯曲时,图像会变暗,向下弯曲图像会变亮,这种情况恰好与 RGB 颜色模式的图像相反。

---

6. 色相 / 饱和度

"色相 / 饱和度"可以对图像的色相、饱和度和明度进行调整。选择"图像"→"调整"→"色相 / 饱和度"选项(或按 Ctrl+U 快捷键),会打开"色相 / 饱和度"对话框,如图 6-18 所示。

在如图 6-18 所示的"色相 / 饱和度"对话框中,可以看到"颜色范围""色相""饱和度"等多个选项,对这些选项的介绍如下。

理论微课 6-6:
色相 / 饱和度

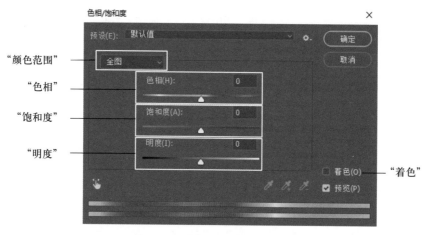

图 6-18　"色相 / 饱和度"对话框 1

(1)"颜色范围":用于设置需要调整的颜色范围,包括"全图""红色""黄色"等 7 个选项,其中,选择"全图"选项后,可以调整图像中的所有颜色;选择"红色""黄色"等任意一个选项,可以针对选项所对应的颜色区域进行调整。

（2）"色相"：用于调整图像的颜色。

（3）"饱和度"：用于调整图像的鲜艳程度。

（4）"明度"：用于调整图像的明暗程度。

（5）"着色"：选中"着色"复选框，可以将彩色图像变为单一颜色的图像，拖曳滑块对图像的整体颜色进行设置。

例如，打开图像"国画.jpg"，如图 6-19 所示。

选择"图像"→"调整"→"色相/饱和度"选项（或按 Ctrl+U 快捷键），打开"色相/饱和度"对话框，在"色相/饱和度"对话框中拖曳"色相"滑块，拖曳"色相"滑块示例如图 6-20 所示。

单击图 6-20 中的"确定"按钮，完成对图像色相的调整。调整色相后的图像示例如图 6-21 所示。

观察图 6-21 可以发现，图像中所有颜色的色相均被改变。

在 Photoshop 中还可以对图像中某一种颜色的色相、饱和度和明度进行调整。依旧以如图 6-19 所示的图像"国画.jpg"为例，在"色相/饱和度"对话框中，单击"颜色范围"选项，在"全图"的下拉列表中选择"红色"选项，如图 6-22 所示。

图 6-19　图像"国画.jpg"

图 6-20　拖曳"色相"滑块示例

图 6-21　调整色相后的图像示例

拖曳"色相"滑块至如图 6-23 所示位置。

单击图 6-23 中的"确定"按钮，完成调整。调整"红色"色相的效果如图 6-24 所示。

观察图 6-24 可以发现，图像中的红色被改变，而其他颜色没有变化。

全图	∨
全图	Alt+2
红色	Alt+3
黄色	Alt+4
绿色	Alt+5
青色	Alt+6
蓝色	Alt+7
洋红	Alt+8

图 6-22　选择"红色"选项

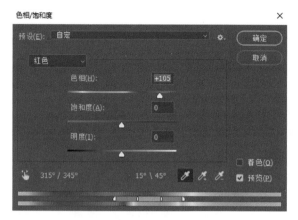

图 6-23　拖曳"色相"滑块示例　　　　　图 6-24　调整"红色"色相的效果

■ 任务实现

根据任务分析思路,【任务 6-1】制作京剧宣传海报的具体实现步骤如下。

1. 合成海报

Step01:新建一个尺寸为 600 毫米 ×800 毫米、分辨率为 150 像素的文档,

Step02:按 Ctrl+S 快捷键以名称"【任务 6-1】京剧宣传海报. psd"保存文档。

Step03:依次置入素材"京剧人物. png""青花图案. png""中式花纹背景. png",素材展示如图 6-25 所示。

Step04:调整画布中各个素材的大小和位置,各个素材的大小和位置示例如图 6-26 所示。

Step05:将"青花图案"水平翻转,得到图 6-27 所示的样式。

Step06:复制"青花图案"图层,并调整两个青花图案的位置、角度和图层的顺序,青花图案的样式示例如图 6-28 所示。

图 6-25　"京剧人物、青花图案、中式花纹背景"　　图 6-26　各个素材的大小和位置示例
素材展示

图 6-27　将"青花图案"水平翻转　　　图 6-28　青花图案的样式示例

2. 调整素材颜色

Step01：选中"中式花纹背景"图层，将其栅格化。

Step02：选择"图像"→"调整"→"去色"选项，将背景去色，去色示例如图 6-29 所示。

Step03：选择"图像"→"调整"→"色相 / 饱和度"选项（或按 Ctrl+U 快捷键），调出"色相 / 饱和度"对话框，如图 6-30 所示。

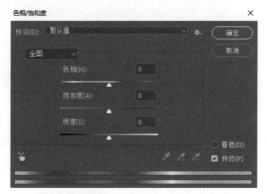

图 6-29　去色示例 1　　　　　　图 6-30　"色相 / 饱和度"对话框 2

Step04：在如图 6-30 所示的"色相 / 饱和度"对话框中，设置"明度"为 80，单击"确定"按钮，调整"明度"的效果如图 6-31 所示。

Step05：选择"京剧人物"图层，选择"图像"→"调整"→"色彩平衡"选项（或按 Ctrl+B 快捷键），在打开的"色彩平衡"对话框中，设置参数。设置"色彩平衡"参数如图 6-32 所示。

Step06：单击图 6-32 中的"确定"按钮，完成设置，调整"色彩平衡"的效果如图 6-33 所示。

Step07：选择"图像"→"调整"→"曲线"选项（或按 Ctrl+M 快捷键），在打开的"曲线"对话框中，调整曲线。曲线示例如图 6-34 所示。

Step08：单击图 6-34 中的"确定"按钮，完成设置。调整"曲线"的效果示例如图 6-35 所示。

Step09：使用"套索工具" ⊘ 绘制如图 6-36 所示的选区。

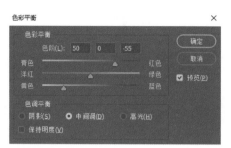

图 6-31   调整"明度"的效果   图 6-32   设置"色彩平衡"参数   图 6-33   调整"色彩平衡"的效果

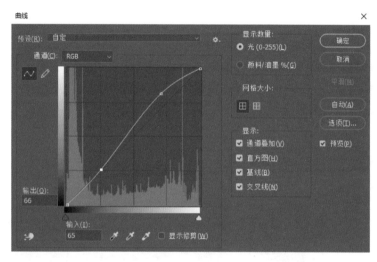

图 6-34   曲线示例

Step10：新建图层，得到"图层1"，将"图层1"填充为红色（RGB：164、0、0）。

Step11：将"图层1"图层拖曳至"京剧人物"图层的下方，"图层1"效果示例如图 6-37 所示。

图 6-35   调整"曲线"的效果示例   图 6-36   绘制选区示例   图 6-37   "图层1"效果示例

Step12：选择"青花图案"图层，选择"图像"→"调整"→"色相/饱和度"选项（或按 Ctrl+U 快捷键），在打开的"色相/饱和度"对话框中设置参数，设置"色相/饱和度"参数如图 6-38 所示。

Step13：单击图 6-38 中的"确定"按钮，完成设置，调整"色相/饱和度"的效果如图 6-39 所示。

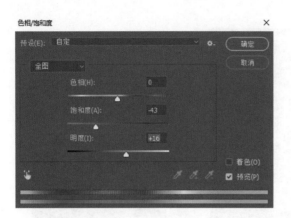

图 6-38　设置"色相/饱和度"参数　　　　图 6-39　调整"色相/饱和度"的效果

Step14：根据 Step12 和 Step13 的步骤调整另一个青花图案的"色相/饱和度"。

3. 为海报添加元素

Step01：使用"椭圆工具"绘制一个深蓝色（RGB：11、30、88）的正圆形，将其放在"中式花纹背景"图层的上方。正圆形示例如图 6-40 所示。

Step02：使用"横排文字工具" T 输入文字，并设置字体为"字魂 49 号"、颜色为黑色，文字示例如图 6-41 所示。

Step03：继续输入文字，使用"矩形工具" █ 绘制矩形，文字和矩形示例如图 6-42 所示。

图 6-40　正圆形示例

Step04：选中文字的相关图层，按 Ctrl+G 快捷键，将选中图层编组，并将图层组重命名为"文字"。

图 6-41　文字示例 5　　　　图 6-42　文字和矩形示例

Step05：选中"中式花纹背景"图层，新建图层，得到"图层2"，选中"渐变工具" ，调出"渐变编辑器"窗口，在其中选择"渐变预设"，渐变预设示例如图6-43所示。

Step06：在画布中绘制渐变，渐变示例如图6-44所示。

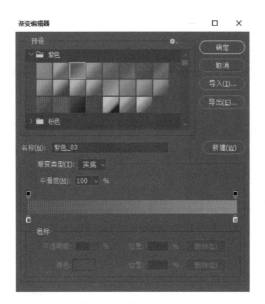

图6-43　渐变预设示例

图6-44　渐变示例

Step07：设置"图层2"的图层混合模式为"叠加"。

至此，京剧宣传海报完成。

任务6-2　制作孔雀展宣传海报

在Photoshop中，不仅可以利用通道对图像进行调色，还可以利用通道对图像进行抠图。本节将制作孔雀展宣传海报，通过本任务的学习，读者能够掌握"画笔工具"的使用方法，以及通道的基本操作。孔雀展宣传海报效果如图6-45所示。

图6-45　孔雀展宣传海报效果

实操微课6-2：
任务6-2　孔雀展
宣传海报

■ 任务目标

知识目标	● 熟悉"画笔"面板,能够设置画笔笔触 ● 了解通道,能够总结出通道的作用和分类 ● 熟悉"通道"面板,能够描述"通道"面板中不同选项的作用
技能目标	● 掌握"画笔工具"的使用方法,能够绘制笔触 ● 掌握"画笔设置"面板的使用技巧,能够设置画笔的形状动态、纹理等 ● 掌握通道的基本操作,能够完成新建 Alpha 通道、复制通道、删除通道等操作 ● 掌握通道抠图的方法,能够利用通道将图像中的主体抠取 ● 掌握"选择并遮住"选项的使用方法,能够抠取带有毛发边缘的图像

■ 任务分析

本任务中,共包括两个素材和两部分文字,可以按照以下思路完成本任务。

1. 抠取人物主体

孔雀素材中包含土地背景,需要将背景去除,实现步骤如下。

(1)在"通道"面板中选择黑白对比强烈的通道。

(2)复制黑白对比强烈的通道。

(3)调整色阶。

(4)使用"画笔工具"将背景绘制为白色,主体绘制为黑色。

(5)将复制的通道载入选区,选中"RGB"复合通道,复制选区中的内容,得到孔雀主体。

2. 融合海报

该部分是将背景和孔雀两部分进行拼合,再复制孔雀主体,得到影子效果。

3. 输入文字

孔雀展宣传海报中共包含两部分文字,一个是主要文字,另一个是辅助文字,直接使用文字工具输入文字即可。

■ 知识储备

1. 画笔工具

"画笔工具" ![] 类似于传统的毛笔,可使用前景色绘制笔触或线条。"画笔工具"不仅能够绘画,还可以修改通道和蒙版。

选择"画笔工具",在如图 6-46 所示的"画笔工具"选项栏中设置相关的参数,在画布中按住鼠标左键并拖曳即可进行绘制。

图 6-46 中展示了"画笔工具"的相关选项,各选项的具体介绍如下。

理论微课 6-7:
画笔工具

图 6-46 "画笔工具"选项栏

（1）"画笔预设选取器"：用于设置笔刷的大小、硬度以及笔刷形状。单击可打开"画笔"下拉面板，如图 6-47 所示。

单击如图 6-47 所示的"画笔"下拉面板右上角的 ■ 按钮，可以弹出面板菜单，在面板菜单中，可以进行导出画笔、载入画笔、使用旧版画笔等操作。

（2）"切换画笔设置面板"：可以快速调出或隐藏"画笔设置"面板。

（3）"模式"：用于设置"画笔工具"绘制的颜色与同图层中的原像素的混合模式。

（4）"不透明度"：用于设置笔刷的不透明度。

（5）"流量"：用于设置应用颜色的速率。流量越大，应用颜色的速率越快。

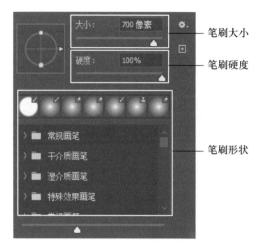

图 6-47　"画笔"下拉面板

（6）"平滑"：用于设置绘制线条的平滑度，数值越大，绘制出的线条越平滑，平滑线条示例如图 6-48 所示。

（7）"设置平滑选项"：用于设置平滑的方式，单击该选项，弹出平滑选项列表，包括"拉绳模式""描边补齐""补齐描边末端"等。

（8）"对称"：选中"对称"选项，在使用"画笔工具"绘制笔触或线条时，可绘制对称图案，对称图案示例如图 6-49 所示。

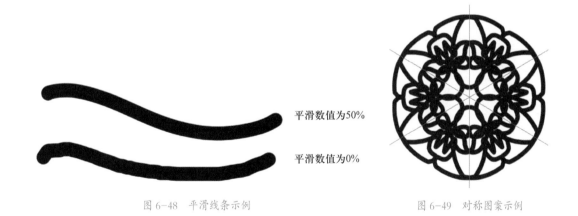

平滑数值为50%

平滑数值为0%

图 6-48　平滑线条示例

图 6-49　对称图案示例

2. "画笔设置"面板

通过"画笔设置"面板可以详细地设置画笔，如笔刷的形状、动态等。选择"窗口"→"画笔设置"选项（或按 F5 键），可以调出"画笔设置"面板，如图 6-50 所示。

如图 6-50 所示的"画笔设置"面板包含笔刷选择区域、笔刷参数设置区域、笔触预览区域和动态设置区域 4 个区域，对这 4 个区域的介绍如下。

（1）笔刷选择区域：该区域提供了多种预设好的笔刷，单击某个预设好的笔刷，可以选择笔刷。

理论微课 6-8：
"画笔设置"
面板

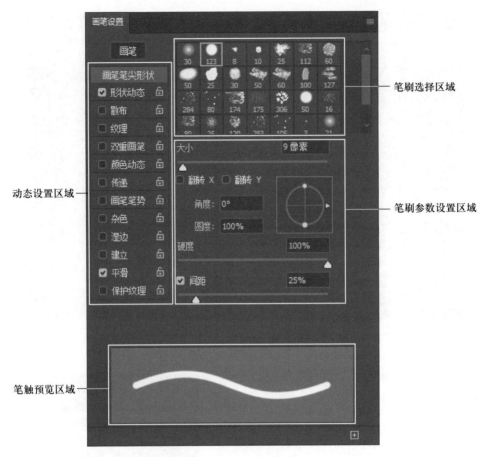

图 6-50 "画笔设置"面板

（2）笔刷参数设置区域：用于设置笔刷的参数，如笔刷大小、硬度等。

（3）笔触预览区域：用于预览当前笔刷的样式示例。

（4）动态设置区域：用于设置笔刷的动态效果，包含"形状动态""散布"等选项，以下介绍其常用的选项。

①"形状动态"：用于控制笔刷在绘制过程中的大小抖动、角度抖动等。选中"形状动态"复选框可以展开"形状动态"参数设置面板，如图 6-51 所示。

②"散布"：用于设置笔触的分布和位置。选择"散布"复选项，可以展开"散布"参数设置面板，如图 6-52 所示。

在"散布"参数设置面板中，通过拖曳如图 6-53 所示的"散布"滑块，可以调整笔触分布的密度，值越大，散布越稀疏。调整"散布"示例如图 6-53 所示。当选中"两轴"复选框时，画笔的笔触范围将被缩小。

③"纹理"：选中该复选框后，能够绘制出带有纹理的笔触。

④"颜色动态"：选中该复选框后，能够绘制出颜色、饱和度和明度不断变化的笔触。

⑤"传递"：选中该复选框后，能够绘制出不透明度和流量不断变化的笔触。

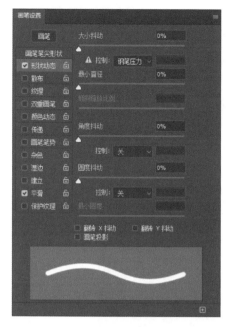

图6-51　"形状动态"参数设置面板

图6-52　"散布"参数设置面板

例如,打开图像"枫树.jpg",如图6-54所示。选择"画笔工具",在选项栏中设置笔刷为散布枫叶🍁(需要先载入"旧版画笔")。设置"前景色"为红色(RGB:232、56、23),设置画笔后,在画布中按住鼠标拖曳绘制枫叶,枫叶示例如图6-55所示。

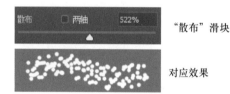

"散布"滑块

对应效果

图6-53　调整"散布"示例

3. "画笔"面板

"画笔"面板中提供了各种预设的笔刷,在"画笔"面板中,若知道笔刷的名称,还可以直接搜索笔刷。选择"窗口"→"画笔"选项,弹出"画笔"面板,如图6-56所示。

图6-54　图像"枫树.jpg"

图6-55　枫叶示例

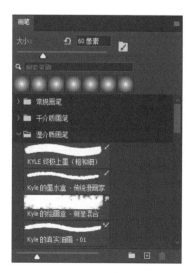

图6-56　"画笔"面板

　　在使用绘画或修饰工具时,可打开"画笔"面板,在"画笔"面板中,单击面板中的一个笔刷,将其选中,拖曳"大小"滑块调整笔刷的大小,完成对笔刷的简单设置。

　　另外,使用"画笔工具"绘制内容后,选择"编辑"→"定义画笔预设"选项,可以将当前画布中的图像或选区预设为笔刷,完成预设笔刷后,笔刷会在"画笔"面板的最下方显示。

理论微课 6-9:
"画笔"面板

多学一招　选择合适的笔刷

　　在选择笔刷时,系统有时会切换到其他工具。例如,选择"画笔工具",在"画笔"面板中选择"Kyle 的真实油画 –01"笔刷时,"画笔工具"会切换至"混合器画笔工具"。这是因为系统为笔刷定义了与之对应的工具。

　　观察如图 6-56 所示的"画笔"面板,会发现每个笔刷的右上角显示"画笔工具"图标 或"涂抹工具"图标 等,这表示该笔刷为对应的工具专用。

　　若想使用其他工具专用的笔刷,需要新建笔刷,具体步骤如下。

① 选择需要使用的笔刷。

② 单击 按钮,在弹出的面板菜单中选择"新建画笔预设"选项。

③ 在打开的"新建画笔"对话框中,设置笔刷名称,取消选中"包含工具设置"复选框。

"新建画笔"对话框如图 6-57 所示。

图 6-57　"新建画笔"对话框

④ 单击图 6-57 中的"确定"按钮,完成笔刷的新建。

　　此时,当选择新建的笔刷时,工具不会切换。此外,在"画笔设置"面板中选择笔刷,工具不会切换。

　　如果未显示工具图标,则可单击"画笔"面板中的 按钮,在弹出的面板菜单中选择"显示其他预设信息"选项,会显示工具样式。另外,将鼠标指针悬停在笔刷上,系统也会提示该笔刷为哪个工具专用,系统提示示例如图 6-58 所示。

图 6-58　系统提示示例

4. 认识通道

　　通道是处理图像的一个重要方法,在图像设计中,常用的通道包括颜色通道和 Alpha 通道。

(1) 颜色通道

　　颜色通道是打开或新建文档时系统自动创建的,主要用于保存图像中的颜色信息。RGB 颜色模式的图像包含"红""绿""蓝"和一个"RGB"复合通道;CMYK 颜色模式的图像包含"青色""洋红""黄色""黑色"和一个"CMYK"复合通道。颜色通道示例如图 6-59 所示。

理论微课 6-10:
认识通道

　　其实,每个颜色通道都是一幅灰度图像,只代表一种颜色的明暗变化。颜色

RGB颜色模式下的颜色通道　　　　　　　　CMYK颜色模式下的颜色通道

图6-59　颜色通道示例

通道能反映出图像中所包含某种颜色的程度。例如,画布中存在红绿蓝3种颜色,且图像为RGB颜色模式。红绿蓝颜色示例如图6-60所示。

在"通道"面板中,当单击"红"通道时,可以看到"红"通道的显示状态如图6-61所示。

图6-60　红绿蓝颜色示例　　　　　图6-61　"红"通道的显示状态

分别观察图6-60和图6-61,可以发现,原本红色的区域呈现出白色,而红色和绿色融合的区域呈现出灰色,原本绿色区域和蓝色区域则呈现出黑色,即在"红"通道中,包含的红色越多,通道所呈现出的颜色越白;包含的红色越少,通道所呈现的颜色越黑。以此类推,"绿"通道和"蓝"通道所呈现的黑白灰关系分别如图6-62和图6-63所示。

图6-62　"绿"通道所呈现的黑白灰关系　　　图6-63　"蓝"通道所呈现的黑白灰关系

当图像为CMYK颜色模式,且画布中存在青色、洋红色和黄色时,在"青色"通道中,包含的青色越多,通道所呈现出的颜色越黑;包含的青色越少,则通道所呈现的颜色越白,这种情况恰好与RGB颜色模式通道中的黑白灰关系相反。CMYK颜色模式下各通道的黑白灰关系示例如图6-64所示。

在实际工作中使用调色选项调整颜色时,通常都是通过通道影响颜色的。例如,如图6-65所示是一个RGB颜色模式的图像及其所对应的通道。

CMYK颜色模式下
"青色"通道的黑白灰关系　　　CMYK颜色模式下
"洋红"通道的黑白灰关系　　　CMYK颜色模式下
"黄色"通道的黑白灰关系

图 6-64　CMYK 颜色模式下各通道的黑白灰关系示例

RGB颜色模式的图像　　　　　　　图像对应的通道

图 6-65　一个 RGB 颜色模式的图像及其所对应的通道

当使用"色相/饱和度"选项调整它的整体颜色时，调整色相后的图像和通道如图 6-66 所示。

调整色相后的图像　　　　　　　调整色相后的通道

图 6-66　调整色相后的图像和通道

对比图 6-65 和图 6-66，可以看出，各个通道的黑白关系都发生了变化。由此可见，当使用调色选项调整图像颜色时，其实是 Photoshop 在内部处理通道，使之变白或者变黑，从而实现颜色的变化。

（2）Alpha 通道

Alpha 通道是用户自建的通道，主要用于保存选区。在 Alpha 通道中，白色代表被选择的区域，黑色代表没有被选择的区域，灰色代表没有被完全选择的区域。

例如，打开图像"风筝.jpg"，在图像中绘制选区，选区示例如图 6-67 所示。

右击选区，在弹出的快捷菜单中选择"存储选区"选项，如图 6-68 所示。

图 6-67　选区示例 5

图 6-68　选择"存储选区"选项

此时，会打开"存储选区"对话框，如图 6-69 所示，单击"确定"按钮，即可保存选区。保存选区后，在"通道"面板中可以看到一个名称为"Alpha 1"的通道，如图 6-70 所示。

按 Ctrl+D 快捷键取消选区。单击图 6-70 中的"Alpha 1"通道，图像呈现为黑白，黑白图像示例如图 6-71 所示。

图 6-69　"存储选区"对话框

图 6-70　名称为"Alpha 1"
的通道

图 6-71　黑白图像示例

观察图 6-71 可以发现，白色的区域是之前绘制的选区。

当然，在 Photoshop 中还能够自由地扩大或收缩选区的范围：用白色笔刷涂抹 Alpha 通道可以扩大选区的范围；用黑色笔刷涂抹 Alpha 通道则会收缩选区；用灰色笔刷涂抹可以增加选区羽化的范围。

例如,设置前景色为白色,使用"画笔工具"在如图 6-71 所示的黑白图像中绘制,即可扩大选区范围,扩大选区范围示例如图 6-72 所示。

图 6-72　扩大选区范围示例

5. "通道"面板

"通道"面板可以对所有的通道进行管理和编辑。当打开一个图像时,Photoshop 会自动创建该图像的颜色通道,选择"窗口"→"通道"选项,会打开"通道"面板,"通道"面板如图 6-73 所示。

在如图 6-73 所示的"通道"面板中,除了颜色通道外,还包含一些按钮,包括"将通道作为选区载入""将选区存储为通道""创建新通道"和"删除通道"等按钮,以下介绍这些按钮。

理论微课 6-11:
"通道"面板

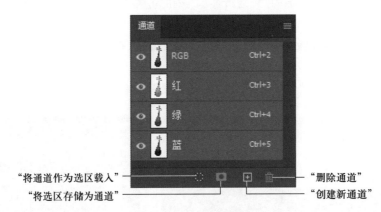

图 6-73　"通道"面板

(1)"将通道作为选区载入"█:单击该按钮,可以将选中通道载入选区。

(2)"将选区存储为通道"█:单击该按钮,可以将图像中的选区保存在通道内,并自动创建 1 个 Alpha 通道。

(3)"创建新通道"█:单击该按钮,可以创建新的 Alpha 通道。

(4)"删除通道"█:单击该按钮,可以删除当前选中的通道。

6. 通道的基本操作

通道的基本操作包括新建通道、复制通道和删除通道等,以下介绍通道的基本操作。

(1)新建通道

单击"通道"面板右上方的█按钮,将弹出如图 6-74 所示的"通道"面板

理论微课 6-12:
通道的基本操作

菜单。

选择图 6-74 中的"新建通道"选项,打开"新建通道"对话框,如图 6-75 所示。

在如图 6-75 所示的"新建通道"对话框中,可以自定义通道名称,单击"确定"按钮,即可成功新建 Alpha 通道,新通道的默认名称为"Alpha 1",如图 6-76 所示。

图 6-74　"通道"　　　　　图 6-75　"新建通道"对话框　　　　图 6-76　"Alpha 1"通道
面板菜单

另外,单击"通道"面板下方的"创建新通道"按钮，同样可以新建一个 Alpha 通道。

（2）复制通道

在如图 6-74 所示的面板菜单中选择"复制通道"选项,打开"复制通道"对话框,如图 6-77 所示。

单击图 6-77 中的"确定"按钮,完成通道的复制,复制通道示例如图 6-78 所示。

图 6-77　"复制通道"对话框　　　　　图 6-78　复制通道示例

另外,拖曳通道至"创建新通道"按钮上,当鼠标指针变成 时,释放鼠标,同样可以复制通道。

（3）删除通道

删除通道的方法有以下 4 种。

① 在如图 6-74 所示的面板菜单中选择"删除通道"选项,可以删除选中通道。

② 单击"通道"面板下方的"删除当前通道"按钮，在弹出的如图 6-79 所示的删除通道提示框中单击"是"按钮,可以删除选中通道。

　　③ 将通道拖曳至"删除当前通道"按钮上并释放鼠标，可以删除选中通道。

　　④ 按住 Alt 键，单击"删除当前通道"按钮，可以删除选中通道。

图 6-79　删除通道提示框

　　（4）将通道载入选区

　　将通道载入选区的方法有以下两种。

　　① 按住 Ctrl 键单击通道，可以将通道载入选区。

　　② 单击"通道"面板下方的"将通道作为选区载入"按钮，可以将通道载入选区。

7. 利用通道抠图

　　在 Photoshop 中，可以利用"通道"进行抠图，具体步骤如下。

　　（1）逐一单击颜色通道，找出对比最强烈的通道，复制通道。

　　（2）选中复制的通道，使用调色选项，使通道的黑白对比强烈。

　　（3）使用"画笔工具"在图像中的灰色区域进行绘制，使图像中只有白色或黑色（非黑即白）。

理论微课 6-13：
利用通道抠图

　　（4）将通道载入选区。

　　在了解了通道抠图的步骤后，下面以抠取椰子树为例，演示通道抠图的方法。

Step01：打开图像"椰子.jpg"，如图 6-80 所示。

Step02：打开"通道"面板，复制"蓝"通道，得到"蓝 拷贝"图层。

Step03：选中"蓝 拷贝"图层，按 Ctrl+L 快捷键，打开"色阶"对话框，在对话框中调整色阶，调整色阶示例如图 6-81 所示。

Step04：单击图 6-81 中的"确定"按钮，完成色阶的调整。调整色阶效果如图 6-82 所示。

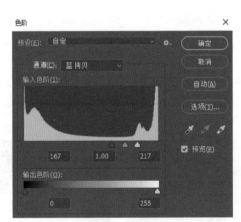

图 6-80　图像"椰子.jpg"　　图 6-81　调整色阶示例　　图 6-82　调整色阶效果

Step05：按 Ctrl 键的同时，单击"蓝 拷贝"通道，将通道载入选区。

Step06：单击"RGB"复合通道，按 Ctrl+J 快捷键复制选区中的像素，隐藏背景图层，抠图完成效果如图 6-83 所示。

　　至此，抠取椰子树完成。若想为图像"椰子树.jpg"替换天空，可以不抠除背景，直接使用"替换天空"选项对天空进行抠除并替换。选择"编辑"→"天空替换"选项，会打开"天空替换"对话框，如图 6-84 所示。

在如图 6-84 所示的对话框中，单击"天空"右侧的✓图标，会展开下拉列表，如图 6-85 所示。

图 6-83　抠图完成效果　　　　图 6-84　"天空替换"对话框　　　　图 6-85　"天空预设"下拉列表

在如图 6-85 所示的下拉列表中，选择天空预设，单击如图 6-84 所示的"确定"按钮，即可完成天空的替换。替换天空示例如图 6-86 所示。

8. 使用"选择并遮住"选项抠图

"选择并遮住"选项通常用于抠取复杂的边缘，如人物头发、动物毛发等。打开图像"贵宾犬.jpg"，如图 6-87 所示。

选择"选择"→"选择并遮住"选项（或按 Alt+Ctrl+R 快捷键）进入调整区域，如图 6-88 所示。

理论微课 6-14：
使用"选择并遮
住"选项抠图

图 6-86　替换天空示例　　　　图 6-87　图像"贵宾犬.jpg"

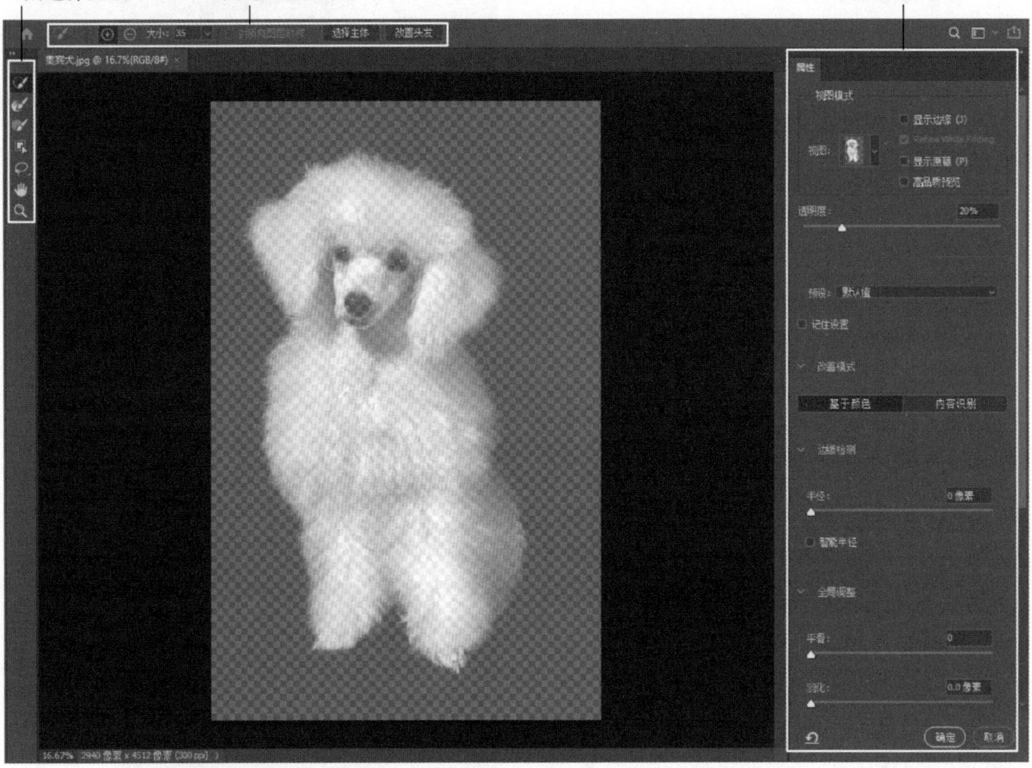

工具选择区域　　　工具选项区域　　　　　　　　　　　　　　　　　　　参数设置区域

图 6-88　调整区域

图 6-88 的调整区域共包含 3 个模块,分别是工具选择区域、工具选项区域和参数设置区域。

(1) 工具选择区域

工具选择区域包含 7 个工具,在这 7 个工具中,较为常用的是"快速选择工具" 和"调整边缘画笔工具" ,这两个工具的介绍如下。

① "快速选择工具"可以根据颜色和纹理的相似性快速选择图像中的区域。

② "调整边缘画笔工具"可以更精确地抠取图像中主体的边缘。

(2) 工具选项区域

工具选项区域可以针对某个工具的参数进行调整,对工具进行进一步设置。例如,选择"快速选择工具"时,"快速选择工具"的工具选项区域如图 6-89 所示。

从选区减去　　　　　　　　　　　　　　　　选择主体

添加到选区

图 6-89　"快速选择工具"的工具选项区域

在如图 6-89 所示的"快速选择工具"的工具选项区域中,"添加到选区"和"从选区减去"这两个选项与"选区工具"选项栏中的对应功能一致,此处不做过多讲解。单击"选择主体"选项,系统可以自动分析出图像中的主体,并快速选择。

（3）参数设置区域

参数设置区域可以调整选区细节，参数设置区域如图 6-90 所示。

图 6-90 的参数设置区域包含"视图模式""边缘检测""全局调整""输出设置"4 个模块。

① "视图模式"：主要用于设置选区的显示样式。"视图模式"中的常用选项说明如下。

● 单击"视图"会弹出"视图"下拉列表，在"视图"下拉列表中选择合适的视图，以便更好地观察选区效果。

● 选中"显示边缘"复选框可以显示使用调整边缘工具绘制的边缘范围。

● 选中"显示原稿"复选框可以查看进入调整区域前绘制的选区。

● 选中"高品质预览"复选框可以查看高品质的图像效果。

● 设置"透明度"可以设置视图的透明程度。

② "边缘检测"：用于设置需要调整的选区边缘的范围。边缘检测模块包括"半径"和"智能半径"两个选项，具体如下。

● "半径"用于确定选区范围的大小。调整"半径"时，当图像主体边缘较为锐利，可将半径调小，当图像主体边缘较为柔和，可将半径调大。

● 当选中"智能半径"复选框时，系统可根据主体自动调整选区边缘的宽度。

值得注意的是，只有选中"显示边缘"复选框时，调整"半径"或选中"智能半径"复选框才能看到选区的边缘。

③ "全局调整"：可以针对图像中的选区边缘进行综合调整，该模块中包含"平滑""羽化""对比度"和"移动边缘"4 个滑块，具体如下。

● "平滑"用于平滑选区边缘，当选区边缘凹凸不平或参差不齐，可调整"平滑"的值使边缘变平滑。

● "羽化"用于控制选区边缘的虚实程度，当选区边缘较锐利，那么调整"羽化"值可适当模糊选区与周围像素之间的过渡效果。

图 6-90 参数设置区域

● "对比度"与"羽化"相反，用于将选区边缘变得更清晰。

● "移动边缘"用于移动选区的边缘，当值为负数时，边框向内移动；当值为正数时，边框向外移

动。向内移动有助于移除不想要的背景。

④ 输出设置:用于设置输出选项,包括"净化颜色"和"输出到"两个选项,具体如下。

● "净化颜色"是将选区边缘不符合选中像素的颜色替换成选中像素的像素颜色,下方的滑块可以调整颜色替换程度,默认为最大强度 100%。

● "输出到"中的选项能够决定调整后的选区是变为当前图层上的选区或蒙版,还是生成一个新图层或文档。

在了解了"选择并遮住"相关选项的功能后,继续对图像"贵宾犬.jpg"进行调整。为了方便查看选区效果,在选项设置区域中,设置"视图"为"叠加",并调整叠加的不透明度为 100%。具体操作步骤如下。

Step01:使用"快速选择工具"在主体上进行绘制选区,选区示例如图 6-91 所示。

Step02:使用"调整边缘画笔工具"在边缘处进行涂抹,涂抹效果如图 6-92 所示。

Step03:在参数设置区域选中"净化颜色"复选框,并设置"输出到"为"新建带有图层面板的图层",净化颜色后的效果示例如图 6-93 所示。

Step04:单击调整区域中的"确定"按钮,可看到抠除背景后的图像,抠图后的图像效果示例如图 6-94 所示。

图 6-91　选区示例

图 6-92　涂抹效果

图 6-93　净化颜色后的效果示例

图 6-94　抠图后的图像效果示例

至此,使用"选择并遮住"选项抠图完成。

■ 任务实现

根据任务分析思路,【任务 6-2】制作孔雀展宣传海报的具体实现步骤如下。

1. 抠取素材主体

Step01:打开素材"孔雀素材.jpg",如图 6-95 所示。

Step02：选择"窗口"→"通道"选项，打开"通道"面板，在"通道"面板中复制"蓝"通道，得到"蓝 拷贝"通道，复制"蓝"通道示例如图6-96所示。

图6-95　素材"孔雀素材.jpg"

图6-96　复制"蓝"通道示例

Step03：选择"图像"→"调整"→"色阶"选项（或按Ctrl+L快捷键），打开"色阶"对话框，在"色阶"对话框中调整色阶，调整色阶示例如图6-97所示。

Step04：单击图6-97中的"确定"按钮，得到黑白关系对比强烈的图像，如图6-98所示。

Step05：选择"画笔工具"，设置笔刷硬度为100%，在素材中的黑色区域绘制白色，在孔雀主体中的白色区域绘制黑色，使背景中无黑色，主体中无白色，图像示例如图6-99所示。

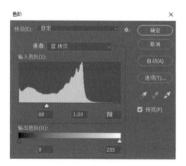

图6-97　调整色阶示例

图6-98　黑白关系对比强烈的图像

图6-99　无白色区域的图像

Step06：按Ctrl键单击"蓝 拷贝"通道，将"蓝 拷贝"通道载入选区。

Step07：选择"RGB"复合通道。

Step08：按Shift+Ctrl+I快捷键反选，选择"选择"→"修改"→"羽化"选项，在打开的"羽化选区"对话框中设置"羽化半径"为1像素，设置选区羽化示例如图6-100所示。

图6-100　设置选区羽化示例

Step09：按Ctrl+J快捷键，复制选区中的内容。

2. 融合海报

Step01：新建一个尺寸为300毫米×400毫米、分辨率为150像素的文档。

Step02：按Ctrl+S快捷键以名称"【任务6-2】孔雀展宣传海报.psd"保存文档。

Step03：置入素材"海报背景.png"，调整素材大小与画布等大，素材展示如图6-101所示。

Step04：将"孔雀素材.jpg"文档窗口中的"图层1"拖曳至"【任务6-2】孔雀展宣传海报.psd"文档窗口中，调整"图层1"大小，"图层1"大小示例如图6-102所示。

图 6-101　"海报背景"素材展示　　　　图 6-102　"图层 1"大小示例

Step05：复制"图层 1"，得到"图层 1 拷贝"。

Step06：选中"图层 1"向右移动，设置图层的不透明度为 20%。

Step07：选择"图像"→"调整"→"色相/饱和度"选项（或按 Ctrl+U 快捷键），在打开的"色相/饱和度"对话框中，设置"饱和度"和"明度"参数，设置参数示例如图 6-103 所示。

Step08：单击图 6-103 中的"确定"按钮，完成设置，得到如图 6-104 所示的影子效果。

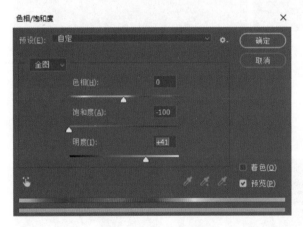 

图 6-103　设置参数示例　　　　　　图 6-104　影子效果

3. 输入文字

Step01：分别输入文字"孔""雀""展"，设置字体为"默陌狂傲手迹"，文字示例如图 6-105 所示。

Step02：继续输入文字，设置字体为"包图粗黑体"，文字示例如图 6-106 所示。

Step03：将 Step01 和 Step02 输入的文字编组，将组命名为"主体文字"，为"主体文字"图层组添加"渐变叠加"图层样式，"渐变叠加"图层样式参数设置如图 6-107 所示。

Step04：完成"渐变叠加"图层样式的参数后，文字样式如图 6-108 所示。

Step05：绘制白色矩形，设置白色矩形的不透明度为 10%，矩形示例如图 6-109 所示。

Step06：输入直排段落文字，设置字体为"包图粗黑体"，文字示例如图 6-110 所示。

Step07：为直排段落文字添加"渐变叠加"图层样式，在"图层样式"对话框中，设置渐变叠加的参数，"渐变叠加"参数设置如图 6-111 所示。

图6-105　文字示例1　　　　图6-106　文字示例2

图6-107　"渐变叠加"图层样式参数设置

图6-108　文字样式　　　图6-109　不透明度为10%的　　　图6-110　文字示例3
　　　　　　　　　　　　　　　　矩形示例

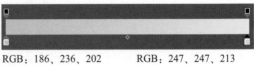

RGB：186、236、202　　　　RGB：247、247、213

图 6-111　"渐变叠加"参数设置

至此,孔雀展宣传海报制作完成。

项目总结

项目 6 包括两个任务,其中【任务 6-1】的目的是让读者能够掌握"亮度 / 对比度""色阶""色彩平衡"等调色选项的作用和使用方法,完成此任务,读者能够完成京剧宣传海报的制作。【任务 6-2】的目的是让读者掌握"画笔工具"的使用方法,以及通道的基本操作,完成此任务,读者能够完成孔雀展宣传海报的制作。

同步训练：抠取云彩

学习完前面的内容,接下来请根据要求完成作业。

要求:请结合前面所学知识,抠取云彩。抠取云彩示例如图 6-112 所示。

图 6-112　抠取云彩示例

项目7

利用修饰工具美化图像

- ◆ 掌握修复图像瑕疵方法，能够完成问题照片的修复。
- ◆ 掌握绘制图像的方法，能够为人物化彩妆。
- ◆ 掌握复制图像内容的方法，能够完成吉祥物宣传图的制作。

　　Photoshop 提供了多个用于美化图像的修饰工具。例如，"污点修复画笔工具""修复画笔工具""仿制图章工具"等。这些修饰工具都能对图像进行美化。本项目将通过修复问题照片、为人物化彩妆以及制作吉祥物宣传海报 3 个任务，详细讲解利用修饰工具美化图像的方法。

PPT:项目7　利用修饰
工具美化图像

PPT

教学设计:项目7　利用
修饰工具美化图像

任务 7-1　**修复问题照片**

在拍摄照片时,无论是风景照片还是人物照片,照片中都不可避免地存在多余的东西。例如,风景照片中的垃圾、石头,人物照片中的雀斑、痘印等。若想将多余的东西去除,则需要在 Photoshop 中对照片进行修复。本任务将修复问题照片,通过本任务的学习,读者可以掌握修复图像瑕疵的方法,能够针对照片中的不同问题,使用合适的修复选项进行修复。问题照片修复前后对比示例如图 7-1 所示。

实操微课 7-1:
任务 7-1　问题
照片修复

问题照片修复前　　　　　　　问题照片修复后

图 7-1　问题照片修复前后对比示例

■ **任务目标**

技能目标	● 掌握"污点修复画笔工具"的使用方法,能够去除图像中的污点 ● 掌握"修复画笔工具"的使用方法,能够快速修复图像中的小面积瑕疵 ● 掌握"红眼工具"的使用方法,能够去除人像中的红眼 ● 掌握"修补工具"的使用方法,能够快速修复图像中的大面积瑕疵

■ **任务分析**

本任务提供了 1 个皮肤上有瑕疵的人物素材,需要使用工具去除图像中的瑕疵,可以按照以下思路完成本任务。

1. 去除污点:使用"污点修复画笔工具"去除污点。
2. 去除红眼:使用"红眼工具"去除红眼。
3. 去除皱纹:使用"修复画笔工具"去除皱纹。
4. 去除文身:使用"修补工具"去除文身。

■ **知识储备**

1. 污点修复画笔工具

"污点修复画笔工具" 可以快速去除图像中的污点。选择"污点修复画笔工具",在图像中有

污点的地方单击,可以快速去除污点。

使用"污点修复画笔工具"去除污点时,系统会从单击点周围自动选取样本,对污点进行修复,不需要手动选取样本。选择"污点修复画笔工具",显示"污点修复画笔工具"选项栏如图 7-2 所示。

理论微课 7-1:
污点修复画笔
工具

图 7-2 "污点修复画笔工具"选项栏

在如图 7-2 所示的"污点修复画笔工具"选项栏中,可以看出,样本的类型有"内容识别""创建纹理"和"近似匹配"3 种,对这 3 种类型的解释如下。

(1)"内容识别":选择该类别时,系统会自动根据单击点周围的像素进行取样,对图像进行修复。

(2)"创建纹理":选择该类别时,系统会自动根据单击点周围的像素生成一个纹理,对图像进行修复时,会使用纹理对单击点内的像素进行覆盖。

(3)"近似匹配":该类别与选区有关,若未创建选区,系统会自动对单击点周围的像素进行取样;如果已创建选区,则系统对选区周围的像素进行取样。

在熟悉了"污点修复画笔工具"选项栏后,下面以去除人物嘴部的污点为例,演示"污点修复画笔工具"的使用方法。

Step01:打开图像"嘴巴.jpg",如图 7-3 所示。

Step02:选择"污点修复画笔工具",在选项栏中设置笔刷大小,其他选项保持默认设置。将鼠标指针放在污点处,如图 7-4 所示。

Step03:单击鼠标左键,即可去除污点,效果如图 7-5 所示。

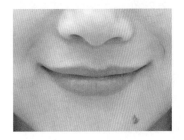
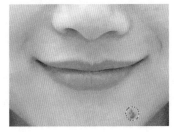
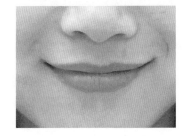

图 7-3 图像"嘴巴.jpg"   图 7-4 将鼠标指针放在污点处   图 7-5 去除污点效果

至此,去除人物面部的污点完成。

2. 修复画笔工具

"修复画笔工具" 是通过从图像中取样,达到修复瑕疵的目的。"修复画笔工具"与"污点修复画笔工具"不同的是,使用"修复画笔工具"时需要按住 Alt 键进行取样,从而控制样本来源。选择"修复画笔工具",显示"修复画笔工具"选项栏,如图 7-6 所示。

在如图 7-6 所示的"修复画笔工具"选项栏中,包括"取样""图案"等选项,

理论微课 7-2:
修复画笔工具

图 7-6　"修复画笔工具"选项栏

其常用选项的解释如下。

（1）"取样"：选中该选项，可以从图像中取样，以修复瑕疵。

（2）"图案"：选中该选项，可以使用图案填充图像，并且根据周围的像素自动调整图案的色彩和色调，以修复瑕疵。

（3）"样本"：用于设置样本来源，包括"当前图层""当前和下方图层"和"所有图层"。

在熟悉了"修复画笔工具"选项栏后，下面以去除皱纹为例演示"修复画笔工具"的使用方法。

Step01：打开图像"眼睛.png"，如图 7-7 所示。

Step02：选择"修复画笔工具"，在选项栏中选择一个边缘柔和的笔刷，将鼠标指针定位在附近没有皱纹的皮肤上，按住 Alt 键，当鼠标指针变为 ⊕ 形状时，单击进行取样，取样示例如图 7-8 所示。

Step03：在眼角的皱纹处单击并拖曳鼠标指针，对皱纹进行修复，修复皱纹示例如图 7-9 所示。

Step04：修复皱纹后的图像效果如图 7-10 所示。

图 7-7　图像"眼睛.png"

图 7-8　取样示例

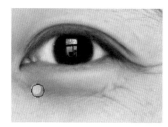

图 7-9　修复皱纹示例

图 7-10　修复皱纹后的图像效果

至此，去除皱纹完成。

3. 红眼工具

"红眼工具" 📷 可以去除拍摄照片时产生的红眼。"红眼工具"只针对红色有变化，选择"红眼工具"，显示"红眼工具"选项栏，如图 7-11 所示。

在如图 7-11 所示的"红眼工具"选项栏中，通过"瞳孔大小"和"变暗量"可以设置瞳孔的大小和瞳孔的暗度。"红眼工具"的使用方法非常简单，只需在图像中有红眼的位置单击，即可去除图像中的红眼。

在熟悉了"红眼工具"选项栏后，下面以去除红眼为例，演示"红眼工具"的使用方法。

Step01：打开图像"红眼素材.png"，如图 7-12 所示。

Step02：选择"红眼工具"，在图像中有红眼的位置单击，单击红眼示例如图 7-13 所示。去除红眼后的图像效果如图 7-14 所示。

理论微课 7-3：
红眼工具

图 7-11　"红眼工具"选项栏

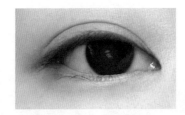

图 7-12　图像"红眼素材.png"　　　图 7-13　单击红眼示例　　　图 7-14　去除红眼后的图像效果

至此,红眼去除完成。

4. 修补工具

"修补工具" 主要是利用同一图层中非选中区域的像素来修复选中的区域,并将样本的纹理、光照和阴影与修复之前的源像素进行匹配。

选择"修补工具",显示"修补工具"选项栏,如图 7-15 所示。

在如图 7-15 所示的"修补工具"选项栏中,包括"源""目标"和"使用图案"等常用选项,常用选项的解释如下。

理论微课 7-4:
修补工具

图 7-15　"修补工具"选项栏

（1）"源":选中该选项,可修复源选区内的像素。将源选区拖曳至目标区域,则目标区域的像素将覆盖源选区中的像素,以此修复选区内的像素。

（2）"目标":选中该选项,可复制源选区内像素。将源选区拖曳至目标区域,则源选区内的像素会覆盖目标区域的像素,以此复制源选区内的像素。

（3）"使用图案":创建选区后该选项将被激活,单击其右侧的"图案拾色器" ，会弹出图案列表,在图案列表中选择一种图案后,单击"使用图案"按钮,可以以选中图案填充选区。

在熟悉了"修补工具"选项栏后,下面以去除图像中的足球为例,演示"修补工具"的使用方法。

Step01:打开图像"足球.jpg",如图 7-16 所示。

Step02:选择"修补工具",在选项栏中选中"源"选项,在图像中单击并拖曳鼠标指针绘制选区,绘制选区示例如图 7-17 所示。

图 7-16　图像"足球.jpg"　　　　　图 7-17　绘制选区示例

Step03：将鼠标指针放在选区内，单击鼠标并向右上方拖曳，拖曳选区示例如图 7-18 所示。

Step04：释放鼠标，即可去除源选区内的足球。按 Ctrl+D 快捷键取消选区，修补完成效果示例如图 7-19 所示。

图 7-18　拖曳选区示例　　　　　　　　　图 7-19　修补完成效果示例

至此，去除图像中的足球完成。

■ 任务实现

根据任务分析思路，【任务 7-1】修复问题照片的具体实现步骤如下。

Step01：打开图像"问题照片.jpg"，如图 7-20 所示。

Step02：按 Shift+Ctrl+S 快捷键，以名称"【任务 7-1】问题照片修复.jpg"，保存文档。

Step03：选择"污点画笔工具" ，在其选项栏中单击"内容识别"选项，调整笔刷大小。

Step04：在图像面部的痘印上单击，去除污点示例如图 7-21 所示。

Step05：按照 Step03、Step04 的方法，去除面部的痘印和痣，去除面部的污点示例如图 7-22 所示。

Step06：选择"红眼工具" ，在其选项栏中，设置"变暗量"为 100%。

图 7-20　图像"问题照片.jpg"

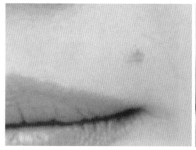

去除痘印前　　　　　　　　　　去除痘印后

图 7-21　去除污点示例

Step07：将鼠标指针放置在红眼上，单击，去除红眼，去除红眼示例如图 7-23 所示。

Step08：选择"修复画笔工具" ，将鼠标指针放置在眼睛下方无皱纹的区域，按住 Alt 键进行取样，取样示例如图 7-24 所示。

Step09：在眼睛周围的皱纹区域进行涂抹，去除皱纹，如图 7-25 所示。

Step10：按照 Step08、Step09 的方法，去除另一只眼睛周围的皱纹。

Step11：选择"修补工具" ，在其选项栏中选中"源"选项，在文身周围绘制选区，选区示例如图 7-26 所示。

Step12：将鼠标指针放在选区上，向左拖曳选区，拖曳选区示例如图 7-27 所示。

Step13：释放鼠标，去除文身，按 Ctrl+D 快捷键取消选区，去除文身示例如图 7-28 所示。

图 7-22　去除面部的污点示例

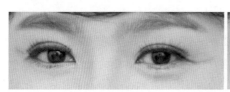

去除红眼前

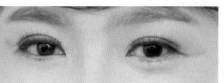

去除红眼后

图 7-23　去除红眼示例

图 7-24　取样示例

图 7-25　去除皱纹

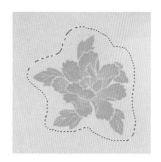

图 7-26　选区示例

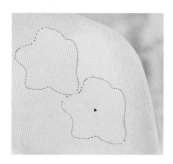

图 7-27　拖曳选区示例

图 7-28　去除文身示例

至此，问题照片修复完成。

任务 7-2   为人物化彩妆

爱美之心人皆有之，在拍摄人像后，可以通过 Photoshop 为人物化彩妆。本任务将为人物化彩妆，通过本任务的学习，读者可以掌握绘制图像的方法。人物彩妆效果示例如图 7-29 所示。

实操微课 7-2：
任务 7-2   为人物
化彩妆

图 7-29   人物彩妆效果示例

■ 任务目标

知识目标	● 熟悉填充图层和调整图层，能够说明填充图层和调整图层的作用
技能目标	● 掌握"颜色替换工具"的使用方法，能够替换图像中的指定颜色 ● 掌握"减淡工具"和"加深工具"的使用方法，能够减淡或加深图像中的局部颜色 ● 掌握"历史记录画笔工具"的使用方法，能够将图像恢复至编辑步骤时的某一状态 ● 掌握"混合器画笔工具"的使用方法，能够混合颜色

■ 任务分析

本任务提供了 1 个人物素材，需要为人物化彩妆，可以按照以下思路完成本任务。

1. 绘制眼妆底色

绘制眼妆底色的步骤如下。

（1）调整人物素材的色相。

（2）建立快照，定义"源"。

（3）使用"历史记录画笔工具"绘制出眼妆底色。

2. 绘制眼线

绘制眼线的步骤如下。

（1）使用"钢笔工具"绘制眼线路径。

（2）将路径转换为选区。

（3）为选区填充颜色。

（4）设置图层的混合选项。

3. 绘制眼影

绘制眼影的步骤如下。

（1）使用"画笔工具"绘制颜色块。

（2）使用"混合器画笔工具"混合颜色。

知识储备

1. 颜色替换工具

通过"颜色替换工具" 能够使用前景色替换图像中的指定颜色。右击"画笔工具"，在弹出的"工具"列表中选择"颜色替换工具"。选择"颜色替换工具"后，显示"颜色替换工具"选项栏，如图 7-30 所示。

理论微课 7-5：颜色替换工具

图 7-30 的选项栏中展示了"颜色替换工具"的相关选项，包括"模式""取样""限制"等，这些选项的具体介绍如下。

图 7-30　"颜色替换工具"选项栏

（1）"模式"

用于设置替换的颜色属性，包括"色相""饱和度""颜色"和"明度"。默认状态为"颜色"模式，表示可以同时替换指定区域的色相、饱和度和明度。

（2）"取样"

用于设置颜色取样的方式。包括"连续" 、"一次" 和"背景色板" 3 个选项。具体如下。

①"连续"：是指在拖曳鼠标时，不断以鼠标指针所在的位置作为被替换的颜色。

②"一次"：是指将第一次单击鼠标时的颜色作为被替换的颜色。

③"背景色板"：是指只替换包含当前背景色的颜色。

（3）"限制"

用于设置替换颜色的方式，包括"不连续""连续"和"查找边缘"3 个选项，具体如下。

①当选择"不连续"选项时，可以替换鼠标指针所处位置的颜色。

②当选择"连续"选项时，可以替换色彩相近的颜色。

③当选择"查找边缘"选项时，可替换包含颜色的连接区域，同时保留形状边缘的锐化程度。

例如，若想替换两个未连接在一起的其中 1 个颜色时，可以选择"连续"选项，然后将鼠标指针定位在需要替换颜色的颜色上，单击鼠标左键，即可替换该颜色。选择"不连续"选项和选择"连续"选项效果示例如图 7-31 所示。

（4）"容差"

用于设置工具的容差。容差值越高，包含的颜色范围越大。

（5）"消除锯齿"

选中"消除锯齿"复选框，可以消除锯齿，系统默认选中。

在熟悉了"颜色替换工具"选项栏后，接下来以改变气球颜色为例，演示"颜色替换工具"的使用方法。

Step01：打开图像"气球.jpg"，如图 7-32 所示。

选择"不连续"选项   选择"连续"选项

图 7-31 选择"不连续"选项和选择"连续"选项效果示例

Step02：设置前景色为青色（RGB：0、255、255）。

Step03：选择"颜色替换工具"，在"颜色替换工具"选项栏中，选中"一次"选项，设置取样为"一次"、容差为 50%，并设置合适的笔刷大小。

Step04：在红色气球上进行绘制，将红色替换为青色，替换颜色示例如图 7-33 所示。

图 7-32 图像"气球.jpg"

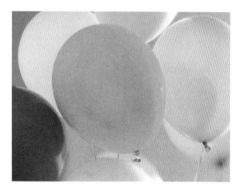

图 7-33 替换颜色示例

至此，改变气球颜色完成。

2. 减淡工具和加深工具

使用"减淡工具"，可以提亮图像的局部区域。选择"减淡工具"（或按 O 键），显示"减淡工具"选项栏，如图 7-34 所示。

在如图 7-34 所示的"减淡工具"选项栏中包括"范围"和"曝光度"两个常用的选项，这两个选项的解释如下。

理论微课 7-6：
减淡工具和
加深工具

（1）"范围"：用于选择需要修改的色调，分为"阴影""中间调"和"高光"3个选项，具体如下。

① 选择"阴影"选项时可以处理图像的暗色调。

② 选择"中间调"选项时可以处理图像的中间色调。

图 7-34 "减淡工具"选项栏

③选择"高光"选项时处理图像的亮部色调。

（2）"曝光度"：用于指定"减淡工具"的曝光度。"曝光度"数值越高，效果越明显。

（3）"保护色调"：用于保护图像的色调。

选择"减淡工具"，将鼠标指针放置在需要提亮的区域，待鼠标指针变为○时，单击并拖曳鼠标，可以提亮图像，提亮图像示例如图 7-35 所示。

提亮图像前　　　　　　　　　　　　　　提亮图像后

图 7-35　提亮图像示例

"加深工具" 和"减淡工具"的作用恰好相反，"加深工具"能够将图像的局部区域变暗。右击"减淡工具"，在弹出的"工具"列表中选择"加深工具"选项。"加深工具"与"减淡工具"的使用方法相同，选项栏与"减淡工具"选项栏中的选项功能类似，此处不再赘述。将图像的局部区域变暗示例如图 7-36 所示。

图像的局部区域变暗前　　　　　　　　　　　图像的局部区域变暗后

图 7-36　将图像的局部区域变暗示例

3. 历史记录画笔工具

"历史记录画笔工具"可以将图像恢复到编辑过程中某一步骤所对应的状态。需要注意的是，使用"历史记录画笔工具"时，需要在"历史记录"面板中创建快照，定义"源"，作为源图像。定义源图像后，再使用"历史记录画笔工具"进行绘制，以恢复图像。

理论微课 7-7：
历史记录画笔
工具

为了掌握"历史记录画笔工具"，下面以为向日葵去色为例，演示"历史记录画笔工具"的使用方法，具体步骤如下。

Step01：打开图像"向日葵.jpg"，如图 7-37 所示。

Step02：选择"图像"→"调整"→"去色"选项，为图像去色，去色效果示例如图 7-38 所示。

图 7-37　图像"向日葵.jpg"

图 7-38　去色效果示例

Step03：打开"历史记录"面板，单击面板中的"创建新快照"按钮 ，为去色状态创建一个快照。

Step04：单击快照前方的 ■，定义源图像，此时快照前方显示"源"图标 🖌，定义源图像示例如图 7-39 所示。

Step05：选择向日葵最初的状态，如图 7-40 所示。

Step06：选择"历史记录画笔工具"，设置笔刷大小，然后在向日葵上进行绘制，即可将涂抹区域恢复到去色状态，恢复局部去色状态效果示例如图 7-41 所示。

图 7-39　定义源图像示例

图 7-40　选择向日葵最初的状态

图 7-41　恢复局部去色状态效果示例

至此，为向日葵去色完成。

若想在去色的状态下恢复至最初状态，则可以将向日葵的最初状态定义为"源"，使用"历史记录画笔工具"进行涂抹。

在实际应用中，通过"历史记录画笔工具"可以为图像制作特殊效果，示例如图 7-42 所示。

4. 混合器画笔工具

"混合器画笔工具" 🖌 主要用于混合图像中的颜色，模拟真实的绘画效果。在使用"混合器画笔工具"时，按住 Alt 键单击画布，可以拾取画布中的颜色或图像，作为样本。选择"混合器画笔工具"，显示"混合器画笔工具"选项栏，如图 7-43 所示。

处理前的效果   处理后的特殊效果

图 7-42 特殊效果示例

"当前画笔载入""有用的混合画笔组合" "载入" "混合"   "对所有图层取样"

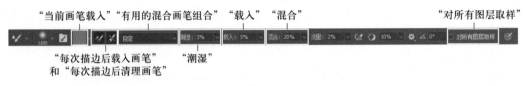

"每次描边后载入画笔"   "潮湿"
和"每次描边后清理画笔"

图 7-43 "混合器画笔工具"选项栏

图 7-43 显示的"混合器画笔工具"选项栏中除了"流量""平滑"等选项外，还包括"当前画笔载入""每次描边后载入 / 清理画笔"等常用选项，这些选项的介绍如下。

（1）"当前画笔载入"

"当前画笔载入"选项用于设置画笔的内容，包括颜色和图像。"当前画笔载入"选项包括样本缩览图和画笔设置选项两部分。"当前画笔载入"图例如图 7-44 所示。

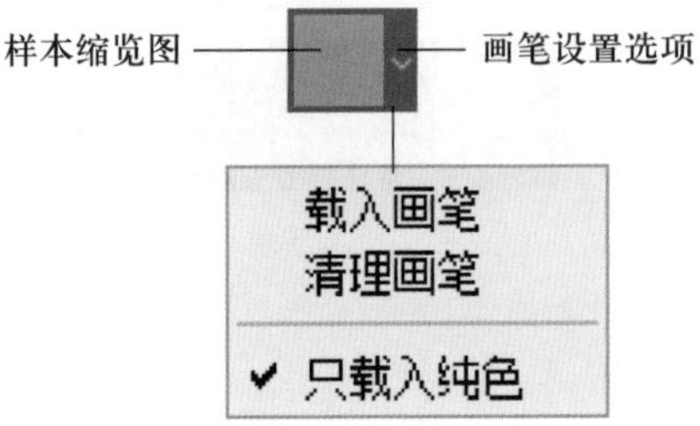

理论微课 7-8：
混合器画笔工具

样本缩览图 ————   ———— 画笔设置选项

载入画笔
清理画笔
✓ 只载入纯色

图 7-44 "当前画笔载入"图例

单击样本缩览图，会打开"拾色器（混合器画笔颜色）"对话框，在对话框中可以选择画笔颜色；单击样本缩览图右侧的画笔设置选项 ，会弹出下拉菜单，包括"载入画笔""清理画笔"和"只载入纯色"3 个选项。这 3 个选项的说明如下。

① 当选择"载入画笔"选项时，按住 Alt 键可以拾取画笔范围内的图像。

② 当选择"清理画笔"选项时，可清除画笔中的颜色或图像。

③ 当选择"只载入纯色"选项时，按住 Alt 键可以拾取鼠标指针下方的单色。

（2）"每次描边后载入画笔"和"每次描边后清理画笔"

"每次描边后载入画笔" 和"每次描边后清理画笔" 可以在每次绘制或混合后自动载入或清理画笔。

① 选中"每次描边后载入画笔"，每次绘制或混合后，可以自动载入上一次画笔绘制或混合后的颜色或图像，即结束绘制或混合后，画笔中所包含的颜色或图像。例如，图 7-45 展示的是选中"每次描边后载入画笔"前后的绘制效果示例。

在图 7-45 中，选中"每次描边后载入画笔"前，画布中只存在一个青色的笔触，而选中"每次

描边后载入画笔"后,画布中存在多个青色的笔触,这验证了选中"每次描边后载入画笔",每次绘制或混合后,均会自动载入颜色。

② 选中"每次描边后清理画笔",每次绘制或混合后,可以自动清理画笔中的颜色或图像。清理画笔中的颜色或图像后,在样本缩览图中看不见颜色或图像样本。样本缩览图对比示例如图 7-46 所示。

通常情况下,将这两个选项同时选中,配合使用,表示每次绘制或混合后自动清理画笔中的颜色或图像,并自动载入上一次载入的颜色或图像。

(3)"有用的混合画笔组合"

该选项提供了"干燥""潮湿"等预设的画笔组合,选择其中一个预设选项,在其右侧的"潮湿""载入""混合"等选项会自动更改参数。

(4)"潮湿"

用于设置从画布中拾取的颜色量(可以理解为画笔和画布的潮湿程度),"潮湿"值越大,在混合时的画布中拾取的颜色量越多,如图 7-47 所示为不同"潮湿"值所对应的效果示例。

选中"每次描边后载入画笔"前

选中"每次描边后载入画笔"后

图 7-45   选中"每次描边后载入画笔"前后的绘制效果示例

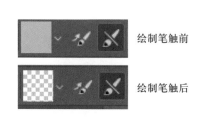

绘制笔触前

绘制笔触后

图 7-46   样本缩览图对比示例

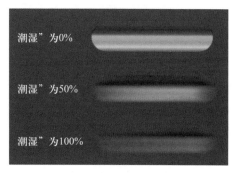

"潮湿"为0%

"潮湿"为50%

"潮湿"为100%

图 7-47   不同"潮湿"值所对应的效果示例

(5)"载入"

用于设置画笔中的颜色量,"载入"值越大,画笔中的颜色量越多。

(6)"混合"

该选项用于控制画布颜色量同画笔颜色量的比例。比例为 100% 时,所有颜色将从画布中拾取;比例为 0% 时,所有颜色都来自画笔。

(7)"对所有图层进行取样"

在使用"混合器画笔工具"并按住 Alt 键进行取样时,默认对当前选中图层进行取样,选中该复选项后,可以对所有图层进行取样。

例如,绘制一个带有渐变颜色的正圆,将其载入画笔后,设置画笔的"潮湿"为 0%,"载入"为 100%,单击并拖曳鼠标,即可绘制特殊图像。绘制特殊图像示例如图 7-48 所示

另外,使用"混合器画笔工具"还可以去除人脸上的斑点,去除斑点示例如图 7-49 所示。

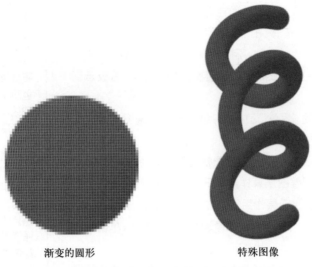

渐变的圆形　　　　　　　　　　特殊图像

图 7-48　绘制特殊图像

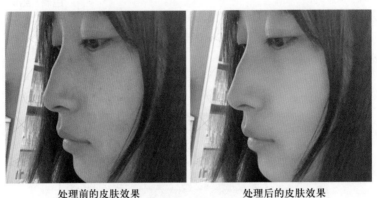

处理前的皮肤效果　　　　　　　处理后的皮肤效果

图 7-49　去除斑点示例

注意:

"混合器画笔工具"选项栏中的各个参数相互影响,在实际操作中,需要根据效果耐心调整参数。

5. 填充图层和调整图层

填充图层和调整图层是两个单独的图层,单击"图层"面板中的"创建新的填充或调整图层"按钮 ,会弹出菜单,如图 7-50 所示。

在如图 7-50 所示的菜单中,"纯色""渐变"和"图案"3 个选项用于创建填充图层,其余选项用于创建调整图层。以下介绍填充图层和调整图层。

理论微课 7-9:
填充图层和
调整图层

（1）填充图层

创建填充图层后,颜色、渐变或图案会在本图层进行填充,不作用于下方图层。选择用于创建填充图层的选项,会打开相应的对话框,以便对填充图层进行设置。例如,选择"纯色"选项会打开"拾色器（纯色）"对话框;选择"渐变"选项会打开"渐变填充"对话框。

（2）调整图层

调整图层可将颜色调整应用于图像,而不会更改像素值。默认情况下,调整图层会作用于其下

方的所有图层,以便对多个图层的颜色进行统一管理。

完成调整图层的创建后,在"属性"面板中可以对调整图层进行设置,除了共有的功能按钮外,不同的调整图层,"属性"面板所显示的选项不同。"色相/饱和度"调整图层的"属性"面板示例如图 7-51 所示。

在图 7-51 所示的"属性"面板中,包括 5 个调整图层共有的功能按钮,这些功能按钮的介绍如下。

①"此调整影响图层":用于设置调整图层影响的范围,该功能按钮为选中状态下,调整图层只作用于下方的相邻图层;该功能按钮为非选中状态下,调整图层作用于下方的所有图层。

②"查看上一状态":用于查看图像调整前后的对比,单击该功能按钮,可以预览图像的上一状态。

③"复位到默认值":单击该功能按钮,可以将所有选项恢复到默认值。

④"切换图层可见性":用于设置调整图层的可见性,该功能按钮为选中状态下,显示该调整图层,否则隐藏该调整图层。

⑤"删除此调整图层":用于删除调整图层。

图 7-50 菜单

图 7-51 "色相/饱和度"调整图层的"属性"面板示例

■ 任务实现

根据任务分析思路，【任务 7-2】为人物化彩妆的具体实现步骤如下。

1. 绘制唇彩

Step01：打开图像"模特.jpg"，如图 7-52 所示。

Step02：按 Shift+Ctrl+S 快捷键，以名称"【任务 7-2】为人物化彩妆.psd"保存文档。

Step03：按 Ctrl+J 快捷键复制"背景"图层，得到"图层 1"，将"图层 1"重命名为"人物"，隐藏"背景"图层。

Step04：选择"窗口"→"历史记录"选项，打开"历史记录"面板，在"历史记录"中，单击"创建新快照"按钮 ，为当前状态建立快照，得到"快照 1"。

Step05：按 Ctrl+U 快捷键，打开"色相/饱和度"对话框，在"色相/饱和度"对话框中设置"色相"为 -40、"饱和度"为 40，设置"色相/饱和度"后的图像效果如图 7-53 所示。

Step06：重复 Step04 的步骤，为当前状态建立快照，得到"快照 2"，快照示例如图 7-54 所示。

图 7-52　图像"模特.jpg"

图 7-53　设置"色相/饱和度"后的
图像效果

图 7-54　快照示例

Step07：单击"快照 2"前方的 ，将"快照 2"设置为"源"选中"快照 1"。

Step08：选择"历史记录画笔工具" ，设置笔刷，在人物的眼睛上进行绘制，使用"历史记录画笔工具"绘制人物效果示例如图 7-55 所示。

2. 绘制眼线

Step01：选择"钢笔工具" ，沿着上眼睑绘制路径，绘制路径示例如图 7-56 所示。

图 7-55　使用"历史记录画笔工具"
绘制人物效果示例

Step02：右击路径，在弹出的菜单中选择"建立选区"选项，在打开的"建立选区"对话框中设置"羽化半径"为 1 像素，将路径转换为选区，选区示例如图 7-57 所示。

Step03：单击"创建新的填充或调整图层"按钮 ，在弹出的菜单中选择"纯色"选项，设置填充颜色为黑色，得到"颜色填充 1"图层，填充黑色示例如图 7-58 所示。

Step04：单击"添加图层样式"按钮 ，在弹出的菜单中选择"混合选项"选项，在打开的"图层样式"对话框中，设置"混合颜色带"，"混合颜色带"设置和对应效果示例如图 7-59 所示。

Step05：选择"加深工具" ，在"加深工具"选项栏中，设置合适的笔刷大小、硬度，并设置"曝

图 7-56 绘制路径示例

图 7-57 选区示例

图 7-58 填充黑色示例

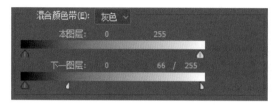

图 7-59 "混合颜色带"设置和对应效果示例

光度"为 100%。

Step06：选择"人物"图层，将鼠标指针定位在眼睛处，使用"加深工具"进行绘制，加深眼睛前后示例如图 7-60 所示。

"混合颜色带"设置

对应效果

图 7-60 加深眼睛前后示例

3. 绘制眼影

Step01：新建图层，得到"图层 1"，将"图层 1"重命名为"眼影"，将"眼影"图层移动至最上方。

Step02：设置"眼影"图层的混合模式为"颜色加深"。

Step03：使用"画笔工具"绘制颜色块，颜色分别为青色（RGB：0、255、255）、紫色（RGB：132、0、255）和黄色（RGB：255、255、0），色块示例如图 7-61 所示。

Step04：选择"混合器画笔工具"，在其选项栏中，设置笔刷颜色为黄色（RGB：255、255、0）和青色（RGB：0、255、255），"潮湿"为 100%，"载入"为 1%，"混合"为 100%，"流量"为 15%。

Step05：使用"混合器画笔工具"在眼影上进行绘制，混合颜色，混合颜色示例如图 7-62 所示。

Step06：新建"图层 2"，选择"混合器画笔工具"，设置笔刷颜色为青色（RGB：0、255、255），在眼睛上绘制颜色，绘制颜色示例如图 7-63 所示。

Step07：使用"橡皮擦工具"修饰 Step06 绘制的颜色，修饰示例如图 7-64 所示。

Step08：使用"画笔工具"在内眼角绘制黄色（RGB：255、255、0）笔触，并使用"橡皮擦工具"进行修饰，黄色笔触示例如图 7-65 所示。

图 7-61　色块示例

图 7-62　混合颜色示例

图 7-63　绘制颜色示例

图 7-64　修饰示例

图 7-65　黄色笔触示例

Step09：设置"眼影"图层的不透明度为 50%。

至此，为人物化彩妆完成。

任务 7-3　制作吉祥物宣传图

　　在 Photoshop 中，不仅可以去除图像中的污点，还能够通过一些工具复制图像的内容。例如，复制图像中的指定区域至另一区域，且无任何痕迹。本任务将制作吉祥物宣传图，通过本任务的学习，读者能够掌握复制图像内容的方法。吉祥物宣传图效果如图 7-66 所示。

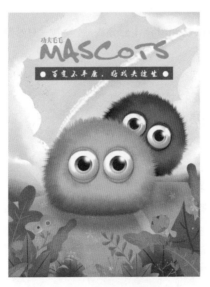

实操微课 7-3：
任务 7-3　吉祥物
宣传图

图 7-66　吉祥物宣传图效果

■ 任务目标

技能目标	● 掌握"内容感知移动工具"的使用方法,能够重新组合图像 ● 掌握"仿制图章工具"的使用方法,能够复制图像中的指定区域至其他区域 ● 掌握"图案图章工具"的使用方法,能够选择指定的图案进行绘制 ● 掌握定义图案的方法,能够将图层或选区定义为图案 ● 掌握"涂抹工具"的使用方法,既能够混合颜色,又能够绘制毛发

■ 任务分析

本任务中,共包括 3 个部分,分别为背景、吉祥物和文案。可以按照以下思路完成本任务。

1. 制作背景

任务提供的背景素材中的草地位置有些偏下,为了使画面平衡,需要将草地向上扩展,具体实现步骤如下。

(1)利用"内容感知移动工具"复制草地。

(2)利用"仿制图章工具"混合像素,使两个草地完美衔接。

(3)定义图案。

(4)利用"图案图章工具"绘制图案。

2. 绘制吉祥物身体形状

吉祥物的身体形状是由椭圆演变过来的,除了绘制吉祥物的基本身体形状外,还需要绘制颜色,具体实现步骤如下。

(1)使用"椭圆选框工具"绘制椭圆。

(2)将选区变形。

(3)利用"画笔工具"绘制大色块。

(4)利用"涂抹工具"混合色块。

3. 绘制吉祥物眼睛

吉祥物眼睛由眼皮、眼白、眼珠和瞳孔 4 部分构成,绘制一只眼睛后,通过复制得到另一只眼睛。具体实现步骤如下。

(1)使用"椭圆工具"绘制两个椭圆,通过布尔运算,得到新的形状,作为眼皮。

(2)绘制正圆,为其添加图层样式,作为眼白。

(3)绘制正圆,为其添加图层样式,作为眼珠。

(4)继续绘制正圆,作为瞳孔。

(5)为眼睛绘制高光。

(6)将眼睛编组,复制,改变眼睛的位置。

4. 绘制毛发并复制吉祥物

该部分针对吉祥物身体形状进行操作,具体实现步骤如下。

(1)通过"涂抹工具"进行涂抹,绘制出毛发的感觉。

(2)为吉祥物编组、复制,得到另一个吉祥物。

(3)调整两个吉祥物的位置和角度。

（4）为其中一个吉祥物添加调整图层,调整吉祥物的颜色。

5. 制作文案

该部分主要任务是输入文案,为文案设置字体。

■ 知识储备

1. 内容感知移动工具

通过"内容感知移动工具" ,可以选择和移动图像中的指定区域,此时,图像重新组合,原来的区域会自动匹配周围的像素进行填充。使用"内容感知移动工具"的过程如下。

理论微课 7-10:
内容感知移动
工具

（1）使用"内容感知移动工具"在图像上单击并拖曳鼠标,绘制选区。

（2）释放选区,单击并拖曳选区,移动选区至指定位置。

（3）按 Enter 键确认移动选区。

例如,移动图像中鸳鸯的步骤图例如图 7-67 所示。观察图 7-67,可以发现图像中的鸳鸯被移动至左上方,而原来的位置被智能填充。

绘制选区   移动选区   完成移动

图 7-67 移动图像中鸳鸯的步骤图例

选择"内容感知移动工具",显示"内容感知移动工具"选项栏,如图 7-68 所示。

图 7-68 "内容感知移动工具"选项栏

在如图 7-68 所示的"内容感知移动工具"选项栏中,除了项目 2 中讲解的选区的布尔运算外,还包含"模式""颜色"两个常用选项,这些选项的介绍如下。

（1）"模式"

用于设置移动的方式,包括"移动"和"扩展"两个选项。具体如下。

① 当选择"移动"选项时,可以将选中的区域移动到其他位置,并自动填充原来的区域。

② 当选择"扩展"选项时,可以将选中的区域复制到其他位置,并自动填充原来的区域。

（2）"颜色"

用于设置颜色的混合程度。数值越大,混合程度越大。例如,设置"颜色"为 0 和"颜色"为 10 的混合示例如图 7-69 所示。

原图　　　　　　　　　　设置"颜色"为0　　　　　　　　　　设置"颜色"为10

图 7-69　设置"颜色"为 0 和"颜色"为 10 的示例

2. 仿制图章工具

通过"仿制图章工具"可以将一幅图像的全部或部分复制到同一幅图像或另一幅图像中。使用"仿制图章工具"时,需要先按 Alt 键进行取样。

选择"仿制图章工具",显示"仿制图章工具"选项栏,如图 7-70 所示。

在如图 7-70 所示的"仿制图章工具"选项栏中,其主要选项的解释如下。

理论微课 7-11:
仿制图章工具

图 7-70　"仿制图章工具"选项栏

(1)"模式":用于设置仿制图像与下方像素的混合方式。

(2)"不透明度":用于设置图章的不透明度。

(3)"对齐":用于设置是否连续进行取样,该选项默认选中 。选中"对齐"复选框,释放鼠标后,再次绘制不会丢失当前取样点。取消选中"对齐"复选框,释放鼠标后,再次绘制则会继续使用初始取样点中的样本像素。选中"对齐"复选框和不选中"对齐"复选框的效果示例如图 7-71 和图 7-72 所示。

图 7-71　选中"对齐"复选框的效果示例　　　　图 7-72　不选中"对齐"复选框的效果示例

图 7-71 和图 7-72 均以小船作为样本。在图 7-71 中,绘制小船后释放鼠标,再次绘制时,会绘制小船周围的图像;而在图 7-72 中,绘制小船后释放鼠标,再次绘制时,仍然是小船,即最初取样点。

(4)"样本":用于设置仿制的样本,分别为"当前图层""当前和下方图层"和"所有图层"。

在掌握了"仿制图章工具"的使用方法后,接下来以仿制玫瑰花为例,演示"仿制图章工具"的用法。

Step01:打开图像"玫瑰花.jpg",如图 7-73 所示。

Step02:选择"仿制图章工具",将鼠标指针定位在图像中需要复制的位置,按住 Alt 键,当鼠标

指针变为 ⊕ 形状时,单击取样,取样示例如图 7-74 所示。

　　Step03:释放鼠标。在玫瑰花的右侧绘制,即可仿制玫瑰花,仿制玫瑰花示例如图 7-75 所示。

图 7-73　图像"玫瑰花.jpg"

图 7-74　取样示例

图 7-75　仿制玫瑰花示例

至此,仿制玫瑰花完成。

3. 图案图章工具

　　通过"图案图章工具" 可以绘制图案。图案是一种图像,当使用图案填充图层或选区时,会重复或拼贴图案。在 Photoshop 中,可以从"图案"下拉面板中选择图案。选择"图案图章工具"后,显示"图案图章工具"选项栏,如图 7-76 所示。

理论微课 7-12:
图案图章工具

图案拾色器

图 7-76　"图案图章工具"选项栏

　　单击图 7-76 中的图案拾色器,会弹出"图案"下拉面板,如图 7-77 所示。

　　在如图 7-77 所示的"图案"下拉面板中,包含多个图案文件夹,图案文件夹中又包含多个图案,选择其中一个图案,可以拾取该图案,拾取图案后,在画布上单击并拖曳鼠标即可绘制图案。另外,单击图 7-77 中的 ✿ 按钮,会弹出面板菜单,如图 7-78 所示。

　　在如图 7-78 所示的面板菜单中,可以对图案进行操作,若想对图案进一步设置,可打开"图案"面板,在该面板中进行设置。

图 7-77　"图案"下拉面板

图 7-78　"图案"
面板菜单

4. 定义图案

通过"定义图案"选项可以将图层或选区中的图像定义为图案。绘制图案后，选择"编辑"→"定义图案"选项，打开"图案名称"对话框，如图 7-79 所示。

理论微课 7-13：
定义图案

单击图 7-79 中的"确定"按钮，完成定义图案的操作。定义好的图案会保存在图案拾取器中。例如，打开如图 7-80 所示的"线条图案.png"，选择"编辑"→"定义图案"选项，将图像定义为图案。

图案定义完成，可以使用"图案图章工具"绘制图案。绘制图案示例如图 7-81 所示。

图 7-79　"图案名称"对话框

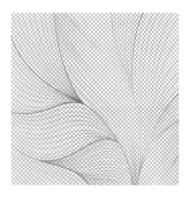

图 7-80　"线条图案.png"

图 7-81　绘制图案示例

5. 涂抹工具

在使用"涂抹工具" 涂抹图像时，会自动拾取单击点的颜色，并沿拖曳的方向展开这种颜色。在实际操作中，使用"涂抹工具"既可以绘制出毛发质感，又可以微调图像，还可以过渡颜色。若想得到不同的效果，则需要在处理图像之前，设置笔刷的强度和笔刷的形状。

理论微课 7-14：
涂抹工具

在工具栏中右击"模糊工具" ，在弹出的"工具"列表中选择"涂抹工具"选项，使用"涂抹工具"处理图像的效果示例如图 7-82 所示。

原彩虹球

毛发质感

微调图像

过渡颜色

图 7-82　使用"涂抹工具"处理图像的效果示例

若想自然地过渡颜色,需要在"画笔设置"面板中对"涂抹工具"进行设置,例如,设置"散布"和"传递"参数示例如图 7-83 所示。

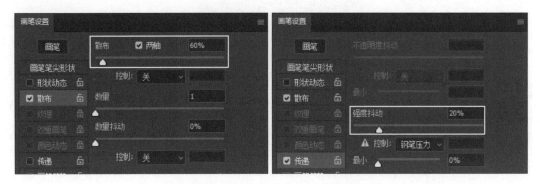

图 7-83　设置"散布"和"传递"参数示例

任务实现

根据任务分析思路,【任务 7-3】制作吉祥物宣传图的具体实现步骤如下。

1. 制作背景

Step01:打开图像"背景.jpg",如图 7-84 所示。

Step02:选择"内容感知移动工具" ,在其选项栏中,设置"模式"为"扩展","颜色"为3。

Step03:在图像中的草地边缘绘制选区,选区示例如图 7-85 所示。

Step04:单击并向上拖曳选区,拖曳选区示例如图 7-86 所示。

图 7-84　图像"背景.jpg"　　　　图 7-85　选区示例　　　　图 7-86　拖曳选区示例

Step05:按 Enter 键确定选区的移动,按 Ctrl+D 快捷键取消选区,得到图像混合效果,图像混合效果示例如图 7-87 所示。

Step06:选择"仿制图章工具" ,按 Alt 键,在草地上单击进行取样,取样示例如图 7-88 所示。

Step07:将鼠标指针定位在衔接不佳的位置,按住鼠标进行拖曳,修复图像,修复图像示例如图 7-89 所示。

图 7-87   图像混合效果示例   图 7-88   取样示例   图 7-89   修复图像示例

Step08：按照 Step06、Step07 的方法，继续修复图像，修复图像最终效果示例如图 7-90 所示。

Step09：打开"图案. png"，如图 7-91 所示。

图 7-90   修复图像最终效果示例   图 7-91   "图案.png"

Step10：选择"编辑"→"定义图案"选项，在打开的"图案名称"对话框中设置"名称"为"花纹"，"图案名称"对话框如图 7-92 所示。

图 7-92   "图案名称"对话框

Step11：单击图 7-92 中的"确定"按钮，完成定义图案。

Step12：选择"图案图章工具"，在其选项栏中选择刚定义的图案，并设置"流量"为 60%，在草地上单击，绘制花纹，绘制花纹示例如图 7-93 所示。

2. 绘制吉祥物身体形状

Step01：新建图层，得到"图层 1"，使用"椭圆选框工具" ⊙ 绘制一个正圆选区。

Step02：选择"编辑"→"变换选区"选项，调出定界框，右击定界框，在弹出的菜单中选择"变形"选项，对选区进行变形，变形选区示例如图 7-94 所示。

图 7-93　绘制花纹示例　　　　　　　　图 7-94　变形选区示例

Step03：按 Enter 键确定变形，使用"画笔工具" ✎ 在选区中绘制色块，色块示例如图 7-95 所示。

RGB：181、179、53

RGB：139、137、22

RGB：216、216、85

RGB：90、90、0

图 7-95　色块示例

Step04：选择"涂抹工具" ⬛，在"画笔设置"面板中，设置笔刷参数，设置笔刷参数示例如图 7-96 所示。

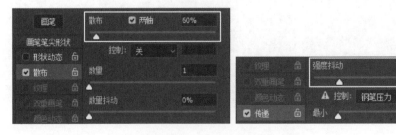

图 7-96　设置笔刷参数示例

Step05：设置笔刷大小为 50 像素，硬度为 0，"强度"为 50%，在选区内混合颜色，混合颜色示例如图 7-97 所示。

Step06：按 Ctrl+D 快捷键取消选区。将"图层 1"重命名为"吉祥物身体"。

3. 绘制吉祥物眼睛

Step01：使用"椭圆工具"，绘制椭圆形，椭圆形示例如图 7-98 所示。

Step02：继续绘制椭圆形，椭圆形示例如图 7-99 所示。

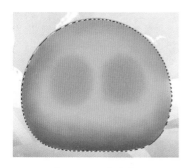
图 7-97　混合颜色示例

图 7-98　椭圆形示例 1

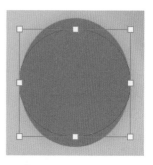
图 7-99　椭圆形示例 2

Step03：合并两个形状，减去顶层形状，并合并形状组件，得到新形状，将新形状重命名为"眼皮"。眼皮示例如图 7-100 所示。

Step04：将眼皮填充为黄色（RGB：201、198、55），并为其添加"投影"和"内阴影"图层样式，图层样式参数及眼皮效果如图 7-101 所示。

Step05：使用"椭圆工具"绘制白色正圆，将新得到的形状图层重命名为"眼白"，为其添加"内阴影"和"投影"图层样式。图层样式参数及眼白效果如图 7-102 所示。

Step06：将眼白所在图层放置在眼皮所在图层的下方，眼皮和眼白顺序关系如图 7-103 所示。

图 7-100　眼皮示例

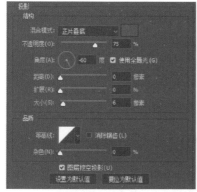
"投影"参数

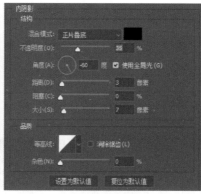
"内阴影"参数

眼皮效果

图 7-101　图层样式参数及眼皮效果

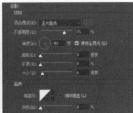
"内阴影"参数

"投影"参数1

"投影"参数2

眼白效果

图 7-102　图层样式参数及眼白效果

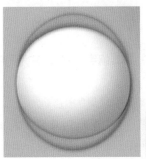

图 7-103　眼皮和眼白顺序关系

Step07：使用"椭圆工具"绘制眼珠，将新绘制的形状图层重命名为"眼珠 1"，为其添加"内阴影"和"渐变叠加"图层样式，图层样式参数及眼珠效果如图 7-104 所示。

RGB：64、74、79　RGB：132、139、174　RGB：255、255、255

图 7-104　图层样式参数及眼珠效果

Step08：继续绘制正圆，将其填充为深灰色（RGB：40、41、47），并将图层重命名为"瞳孔"。瞳孔示例如图 7-105 所示。

Step09：新建图层，将图层重命名为"眼睛高光"，使用画笔工具绘制高光，眼睛高光示例如图 7-106 所示。

Step10：选中所有与吉祥物眼睛相关的图层，将其编组，将组命名为"吉祥物右眼"。

Step11：复制"吉祥物右眼"组，将其向左移动，并重命名为"吉祥物左眼"，吉祥物的左眼和右眼位置示例如图 7-107 所示。

图 7-105　瞳孔示例

图 7-106　眼睛高光示例　　　图 7-107　吉祥物的左眼和
右眼位置示例

Step12：选中"吉祥物右眼"和"吉祥物左眼"并将其编组，将组命名为"吉祥物眼睛"。

4. 绘制毛发并复制吉祥物

Step01：复制"吉祥物身体"图层，得到"吉祥物身体 拷贝"图层。

Step02：选择"涂抹工具"，在其选项栏中设置笔刷为"炭笔 14 像素"（需要载入旧版笔刷），"强度"为 65%，然后在吉祥物身体上进行涂抹，使其产生毛发效果，毛发效果示例如图 7-108 所示。

Step03：将吉祥物有关图层编组，将组重命名为"绿吉祥物"。

Step04：复制"绿吉祥物"组，将"绿吉祥物"组重命名为"红吉祥物"。

Step05：调整两个吉祥物的位置和角度，吉祥物的位置和角度示例如图 7-109 所示。

图 7-108　毛发效果示例　　　图 7-109　吉祥物的位置和角度示例

Step06：单击"创建调整图层"按钮 ，在弹出的菜单中选择"色相 / 饱和度"选项，在"属性"面板中，单击"此调整剪切到此图层"按钮 ，然后调整"色相"，调整色相示例如图 7-110 所示。

图 7-110　调整色相示例

Step07：在红吉祥物的下方新建图层，绘制两个吉祥物的投影，投影示例如图 7-111 所示。

5. 制作文案

Step01：置入素材"植物.png"，如图 7-112 所示。

图 7-111　投影示例　　　　　图 7-112　素材"植物.png"

Step02：为植物所在图层创建"色相/饱和度"调整图层，调整植物的色相，如图 7-113 所示。

图 7-113　调整植物的色相

Step03：绘制形状，并输入文案"MASCOTS""功夫毛毛"以及"百变不平庸，好戏夹缝生"，在"字符"面板中设置字体，形状和文案样式如图 7-114 所示。

图 7-114　形状和文案样式

至此，吉祥物宣传图制作完成。

项目总结

项目 7 包括 3 个任务，其中【任务 7-1】的目的是让读者掌握一些修复工具的使用方法，包括"污

点修复画笔工具""修复画笔工具"等,完成此任务,读者能够完成问题照片的修复。【任务 7-2】的目的是让读者掌握绘制图像的一些工具,包括"颜色替换工具""减淡工具"等,完成此任务,读者能够为人物化彩妆。【任务 7-3】的目的是让读者掌握复制图像的工具,包括"内容感知移动工具""仿制图章工具""图案图章工具"等,完成此任务,读者能够完成吉祥物宣传图的制作。

同步训练:修饰人像

　　学习完前面的内容,接下来请根据要求完成作业。

　　要求:请结合前面所学知识,修饰时尚周刊中的人像。时尚周刊最终效果如图 7-115 所示。

图 7-115　时尚周刊最终效果

项目 8

利用蒙版融合图像

学习目标

- ◆ 掌握图层蒙版的基本操作，能够完成人物插画的制作。
- ◆ 掌握剪贴蒙版和图框的基本操作，能够完成环保 APP 引导页的制作。

项目介绍

在 Photoshop 中，蒙版是一种非破坏性的图像编辑方式，使用蒙版可以遮住想隐藏的区域，显示想保留的区域，利用蒙版的这种特性，可以制作一些特殊的融合效果。本项目将通过制作人物插画和环保 APP 引导页两个任务详细讲解蒙版的相关知识。

PPT:项目 8　利用蒙版融合图像

教学设计:项目 8　利用蒙版融合图像

任务 8-1　制作人物插画

在 Photoshop 的同一图层中，通过图层蒙版可以在不破坏图层的同时，隐藏图层中的多余像素。本任务将制作一个人物插画，通过本任务的学习，读者能够掌握图层蒙版的基本操作。人物插画效果如图 8-1 所示。

实操微课 8-1：
任务 8-1　人物
插画

图 8-1　人物插画效果

■ 任务目标

知识目标	● 熟悉图层蒙版，能够总结图层蒙版的原理
技能目标	● 掌握图层蒙版的基本操作，能够完成图层蒙版的添加、删除、停用等操作

■ 任务分析

任务中包含多个素材，在制作时，可以按照以下思路完成人物插画的制作。

1. 制作人物后背上的风景

该部分是将人物的后背和风景融合在一起，实现步骤如下。

（1）置入人物素材和风景素材。

（2）设置风景素材的图层混合模式，使风景素材和人物素材产生融合效果。

（3）通过图层蒙版将多余的风景隐藏。

2. 添加装饰

装饰包括白云和一些花朵装饰，实现步骤如下。

（1）为白云去色，将白云拖曳至人物所在的文档窗口中。

（2）通过图层混合模式，将白云中的蓝天去除。

（3）通过图层蒙版将多余的白云隐藏。

（4）置入花朵装饰素材。

■ 知识储备

1. 图层蒙版

图层蒙版是在图层上直接建立的蒙版，只包括黑、白、灰 3 个颜色，蒙版中的白色代表显示图像；

灰色代表半透明显示图像;黑色代表隐藏图像。图层蒙版示例如图 8-2 所示。

在如图 8-2 所示的图层蒙版示例中,"图层 1"的图层缩览图右侧即蒙版缩览图,观察蒙版缩览图,可以看出,蒙版包括白色、灰色和黑色。在"图层 1"中,白色所对应的区域完全显示;灰色所对应的区域半透明显示;黑色所对应的区域完全隐藏。

理论微课 8-1:
图层蒙版

蒙版示例　　　　　　　　　　　　　图像效果

图 8-2　图层蒙版示例

2. 图层蒙版的基本操作

在 Photoshop 中,图层蒙版的基本操作包括添加图层蒙版、编辑图层蒙版、隐藏和显示图层蒙版、链接图层蒙版、停用图层蒙版、删除图层蒙版以及反向图层蒙版。以下介绍图层蒙版的基本操作。

理论微课 8-2:
图层蒙版的
基本操作

(1)添加图层蒙版

在"图层"面板中单击"添加图层蒙版"按钮,即可为选中的图层添加一个图层蒙版。添加图层蒙版示例如图 8-3 所示。

(2)编辑图层蒙版

在"图层"面板中,单击蒙版缩览图,使用"画笔工具"在图像上进行绘制,编辑图层蒙版的方法如下。

① 设置前景色为黑色,使用"画笔工具"在蒙版中绘制,可以隐藏图像中的指定区域。

② 设置前景色为白色,使用"画笔工具"在蒙版中绘制,可以显示图像中的指定区域。

③ 设置前景色为灰色,使用"画笔工具"在蒙版中绘制,可以半透明显示图像中的指定区域。

图 8-3　添加图层蒙版示例

(3)隐藏和显示图层蒙版

按住 Alt 键,单击"图层"面板中的图层蒙版缩览图,画布中显示蒙版。按住 Alt 键,再次单击图层蒙版缩览图,隐藏画布中的蒙版。显示和隐藏图层蒙版示例如图 8-4 所示。

(4)链接图层蒙版

在"图层"面板中,图层缩览图和图层蒙版缩览图之间的"链接图标",用于关联图层和蒙版,具体介绍如下。

① 显示"链接图标"时,图层和蒙版锁定,当移动图层时,蒙版会同步移动。

显示图层蒙版

隐藏图层蒙版

图 8-4 显示和隐藏图层蒙版示例

② 单击"链接图标" ，隐藏"链接图标"，此时图层和蒙版的锁定被解除，可以分别对图层和蒙版进行移动。

（5）停用图层蒙版

停用图层蒙版便于预览添加图层蒙版前后的效果，停用图层蒙版的方法如下。

① 选中图层，选择"图层"→"图层蒙版"→"停用"选项，可以停用选中图层的图层蒙版。

② 按住 Shift 键不放，单击图层蒙版缩览图，停用该图层蒙版。

停用图层蒙版后，图层蒙版缩览图上会显示红叉样式✕，且显示全部图像。显示全部图像示例如图 8-5 所示。

选择"图层"→"图层蒙版"→"启用"选项，或按住 Shift 键不放，单击图层蒙版缩览图，可以启用图层蒙版。

（6）删除图层蒙版

删除图层蒙版的方法如下。

① 选中图层，选择"图层"→"图层蒙版"→"删除"选项，可以删除选中图层的图层蒙版。

② 右击图层蒙版缩览图，在弹出的快捷菜单中选择"删除图层蒙版"选项，可以删除该图层蒙版。选择"删除图层蒙版"选项如图 8-6 所示。

图 8-5 显示全部图像示例

图 8-6 选择"删除图层蒙版"选项

（7）反向图层蒙版

选中蒙版后，按 Ctrl+I 快捷键，可以将图层蒙版反向。使用反向图层蒙版前后的效果示例如图 8-7 和图 8-8 所示。

图 8-7　使用反向图层蒙版前的效果示例

图 8-8　使用反向图层蒙版后的效果示例

■ 任务实现

根据任务分析思路，【任务 8-1】制作人物插画的具体实现步骤如下。

1. 制作人物后背上的风景

Step01：打开素材"背景.jpg"，如图 8-9 所示。

Step02：按 Shift+Ctrl+S 快捷键，以名称"【任务 8-1】人物插画.psd"保存文档。

Step03：按 Shift+Ctrl+U 快捷键，为素材去色，去色示例如图 8-10 所示。

Step04：置入素材"孕妇.png"，调整素材大小及位置。素材的大小和位置示例如图 8-11 所示。

Step05：置入素材"风景.jpg"，如图 8-12 所示。

图 8-9　素材"背景.jpg"

图 8-10　去色示例　　　　图 8-11　素材的大小和位置　　　　图 8-12　素材"风景.jpg"

Step06：将风景所在图层顺时针旋转 90°，调整大小，并设置其混合模式为"颜色加深"，调整后的风景如图 8-13 所示。

Step07：选中风景所在图层，单击"添加图层蒙版"按钮，为图层添加图层蒙版，添加图层蒙版示例如图 8-14 所示。

Step08：选择"画笔工具" ✐，在选项栏中设置笔刷为柔边圆、硬度为 0、"不透明度"和"流量"为 100%，并设置前景色为黑色。

Step09：选中图层蒙版，使用"画笔工具"在蒙版上绘制，将风景的多余像素隐藏，隐藏风景的多余像素示例如图 8-15 所示。

图 8-13　调整后的风景　　　图 8-14　添加图层蒙版示例　　　图 8-15　隐藏风景的多余
像素示例

2. 添加装饰

Step01：打开素材"白云.jpg"，如图 8-16 所示。

Step02：按 Shift+Ctrl+U 快捷键，为白云所在图层进行去色，去色示例如图 8-17 所示。

图 8-16　素材"白云.jpg"　　　　　图 8-17　去色示例

Step03：按 Ctrl+L 快捷键，打开"色阶"对话框，如图 8-18 所示。

Step04：单击"色阶"对话框中的"在图像中取样以设置黑场"按钮，在画布中的灰色区域单击，将灰色变为黑色，如图 8-19 所示。

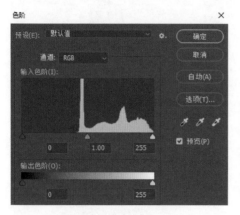 

图 8-18　"色阶"对话框　　　　　图 8-19　将灰色变为黑色

Step05：将白云拖曳至"【任务 8-1】人物插画. psd"文档窗口中，调整白云所在图层的大小，白云示例如图 8-20 所示。

Step06：设置白云所在图层的混合模式为"滤色"，混合模式为"滤色"的白云示例如图 8-21 所示。

图 8-20　白云示例　　　　　图 8-21　混合模式为"滤色"的白云示例

Step07：为白云所在图层添加图层蒙版，使用"画笔工具"在多余的白云上进行绘制，隐藏白云的多余部分，隐藏白云多余部分示例如图 8-22 所示。

Step08：置入素材"装饰. png"，调整装饰位置如图 8-23 所示。

Step09：置入素材"树枝. png"，调整树枝的位置和大小，树枝如图 8-24 所示。

Step10：为树枝所在图层添加图层蒙版，在树枝根部进行绘制，隐藏树枝根部，如图 8-25 所示。

Step11：置入素材"花束. png""蓝蝴蝶. png"和"黄蝴蝶. png"，调整素材的大小和位置。

　　图 8-22　隐藏白云多余部分示例　　　　　　图 8-23　调整装饰位置

　　　　图 8-24　树枝　　　　　　　　　　　图 8-25　隐藏树枝根部

　　至此，人物插画制作完成。

任务 8-2　制作环保 APP 引导页

　　在 Photoshop 中，能够通过剪贴蒙版和图框，将图像填充至指定的区域中，并使区域外的图像隐藏。本任务将制作一个环保 APP 引导页，通过本任务的学习，读者能够掌握剪贴蒙版和图框的基本操作。环保 APP 引导页效果如图 8-26 所示。

实操微课 8-2：
任务 8-2　环保
APP 引导页

图 8-26　环保 APP 引导页效果

■ 任务目标

知识目标	● 熟悉剪贴蒙版，能够描述剪贴蒙版的原理 ● 熟悉图框，能够归纳图框和剪贴蒙版的区别
技能目标	● 掌握剪贴蒙版的基本操作，能够完成剪贴蒙版的创建和释放操作 ● 掌握图框的基本操作，能够完成图框的获取、转换等操作 ● 掌握标尺和参考线的使用方法，能够完成参考线的创建、清除等操作

■ 任务分析

在制作时，可以按照以下思路完成环保 APP 引导页的制作。

1. 制作背景

背景中包括除文字外的所有图像，在制作背景时，主要利用剪贴蒙版，以显示需要显示的区域。实现步骤如下。

（1）绘制形状。

（2）置入素材，以形状为基底层，创建剪贴蒙版。

2. 制作文字内容

本任务共包括两部分文字内容，一部分是宣传文字，另一部分是按钮文字。实现步骤如下。

（1）输入文字，将文字转换为图框。

（2）置入素材，使素材在文字图框中进行显示。

（3）输入按钮文字。

■ 知识储备

1. 剪贴蒙版

剪贴蒙版是通过下方图层的形状来限制上方图层的显示内容。剪贴蒙版和图层蒙版的最大区别是，剪贴蒙版可以通过一个图层控制多个图层的显示内容，而图层蒙版只能控制一个图层。

理论微课 8-3：
剪贴蒙版

在 Photoshop 中，至少需要两个图层才能创建剪贴蒙版。位于上方的图层，将其称为"剪贴层"，位于下方的图层，将其称为"基底层"，剪贴蒙版示例如图 8-27 所示。

观察图 8-27，可以发现剪贴层的图层缩览图左侧显示 图标，而基底层的图层名称下方存在一条下画线，这代表以"关爱地球"文字图层为基底层，以"图层 1"和"图层 2"为剪贴层的剪贴蒙版创建完成。剪贴蒙版所对应的效果示例如图 8-28 所示。

2. 剪贴蒙版的基本操作

在 Photoshop 中，剪贴蒙版的基本操作包括创建剪贴蒙版和释放剪贴蒙版，以下介绍剪贴蒙版的基本操作。

理论微课 8-4：
剪贴蒙版的
基本操作

（1）创建剪贴蒙版

创建剪贴蒙版的方法有两种，具体介绍如下。

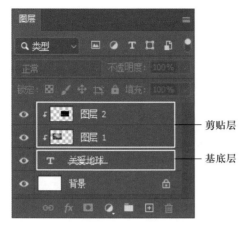

图 8-27 剪贴蒙版示例

图 8-28 剪贴蒙版所对应的效果示例

① 命令法。选中要作为剪贴层的图层,选择"图层"→"创建剪贴蒙版"选项(或按 Ctrl+Alt+G 快捷键),即可用下方相邻的图层作为基底层,创建剪贴蒙版。

② 快捷键法。按住 Alt 键不放,将鼠标指针悬停在两个图层中间,当鼠标指针变成 时单击,即可用下方图层作为基底层、上方图层作为剪贴层,创建剪贴蒙版。创建剪贴蒙版示例如图 8-29 所示。

(2)释放剪贴蒙版

① 命令法。选择剪贴层或基底层,选择"图层"→"释放剪贴蒙版"选项(或按 Ctrl+Alt+G 快捷键),即可释放剪贴蒙版。

② 快捷键法。按住 Alt 键不放,将鼠标指针悬停在剪贴层和基底层之间,当鼠标指针变成 时单击,即可释放剪贴蒙版。

图 8-29 创建剪贴蒙版示例

📷 注意:

剪贴蒙版虽然可以用一个基底层控制多个剪贴层,但剪贴层必须是相邻且连续的图层。

---

3. 图框

图框是指起到占位功能的占位符。在设计的过程中,占位符必不可少,尤其是需要图像填充特定位置,呈现当前的设计效果,但当没有足够的图像时,可以先使用占位符进行占位,再使用图像进行填充。

使用图像填充图框后,图框内的图像将被显示,而图框外的图像将被隐藏。图框的这个特性与剪贴蒙版类似,图框和剪贴蒙版的优势对比见表 8-1。

理论微课 8-5:
图框

表 8-1 图框和剪贴蒙版的优势对比

功　能	优　势
图框	图像大小自适应图框 图像自动转换为智能对象
剪贴蒙版	可以灵活地调整基底层的形状 可以为基底层添加图层样式

4. 图框的基本操作

在 Photoshop 中,图框的基本操作包括获取图框、将图像置于图框中、选择图框和图框中的图像,以及编辑图框中的图像,以下介绍图框的基本操作。

理论微课 8-6:
图框的基本操作

（1）获取图框

获取图框的方法包括绘制图框和转换图框两种,具体介绍如下。

① 绘制图框:在 Photoshop 中,通过"图框工具"可以绘制图框,选择"图框工具"后,可显示其选项栏,"图框工具"选项栏如图 8-30 所示。

在如图 8-30 所示的"图框工具"选项栏提供了矩形图框和椭圆形图框两种类型的图框,选择对应的图框类型,在画布上单击并拖曳鼠标指针,可以绘制不同形状的图框。例如,绘制矩形图框示例如图 8-31 所示。

图 8-30　"图框工具"选项栏　　　　　　　图 8-31　绘制图框示例

由图 8-31 可以看出,绘制图框后,"图层"面板中会出现图框层,在图框层中,左侧缩览图为图框缩览图,右侧缩览图为图像缩览图。

② 转换图框:在 Photoshop 中,可以将形状或文字转换为图框。接下来以将文字转换为图框为例,讲解转换图框的流程。

a. 右击文字图层,在弹出的菜单中选择"转换为图框"选项,如图 8-32 所示。

b. 此时,会打开"新建帧"对话框,如图 8-33 所示。

图 8-32　选择"转换为图框"选项　　　　　　图 8-33　"新建帧"对话框

c. 在如图 8-33 所示的"新建帧"对话框中,设置图框名称,单击"确定"按钮,完成图框的转换。文字转换图框前后效果示例如图 8-34 所示。

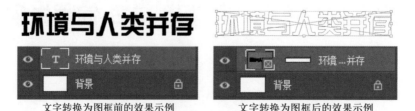

图 8-34　文字转换为图框前后的效果示例

（2）将图像置于图框中

将图像置于图框中有以下两种方法。

① 置入文档外图像。选择文档窗口外的图像，将其拖曳到图框中，当鼠标指针变成 🖐 时，释放鼠标，图像会被置入图框中，为图框填充文档外的图像示例如图 8-35 所示。

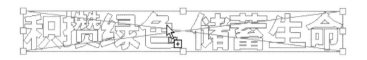

图 8-35　为图框填充文档外的图像示例

观察图 8-35 可以看出，为图框填充图像后，图框边缘会显示灰色描边而不是定界框样式。

② 置入文档内图像。在"图层"面板中，拖曳图像所在图层至空白图框中，图像会被置入图框中。拖曳图像图层至图框层示例如图 8-36 所示。

图 8-36　拖曳图像图层至图框层示例

（3）选择图框和图框中的图像

单击图框中的图像或单击图框层，可以同时选中图框和图框中的图像。除此之外，在 Photoshop 中，还可以单独选择图框或图框中的图像。选择图框和图框中的图像有两种方法，见表 8-2。

表 8-2　选择图框和图框中的图像方法

方　　法	选择图框	选择图框中的图像
方法 1	单击图框缩览图	单击图像缩览图
方法 2	在画布上，单击图框边缘	在画布上，双击图框内图像

选择图框或图框中的图像后，边缘会显示蓝色描边，未选中则显示灰色描边。选择图框和选择图框中的图像示例如图 8-37 所示。

选择图框和图框中的图像后，可以改变图框或图框中图像的位置和大小。

选择图框　　　　　　　　　　　　选择图框中的图像

图 8-37　选择图框和选择图框中的图像示例

（4）编辑图框中的图像

在 Photoshop 中，可以编辑图框中的图像，如替换图框中的图像、调整图框中的图像，具体如下。

① 替换图框中的图像。

将文档外的图像拖曳至图框中，可以自动替换图框中原来的图像。

② 调整图框中的图像。

调整图框中的图像是指改变图像的显示样式，如调整图像的颜色、为图像添加图层样式等。调整图框中的图像的流程如下。

a. 双击图像缩览图，会在新文档窗口中打开图框内的图像。

b. 在新文档窗口中对图像进行编辑后，按 Ctrl+S 快捷键保存文档。

c. 关闭新文档，完成对图框中的图像的调整。

5. 标尺和参考线

在 Photoshop 中，标尺和参考线属于辅助工具，虽然不能直接编辑图像，但可以更好地完成图像地定位、对齐等操作。

理论微课 8-7：
标尺和参考线

（1）标尺

选择"视图"→"标尺"选项（或按 Ctrl+R 快捷键），可以调出或隐藏标尺。标尺示例如图 8-38 所示。

在如图 8-38 所示的标尺示例中，包括水平标尺和垂直标尺，水平标尺用于测量画布的宽度；垂直标尺用于测量画布的高度。可以根据画布的单位，更改标尺的单位，以便更精确地编辑和处理图像。右击标尺，会弹出快捷菜单，如图 8-39 所示。

图 8-38 标尺示例

图 8-39 快捷菜单

在如图 8-39 所示的快捷菜单中，包括"像素""英寸""厘米"等选项，选择其中一个选项，则可以将标尺的单位切换至选项对应的单位。例如，选择"毫米"选项，那么标尺的单位会被更改为毫米，以此类推。

（2）参考线

调出标尺后，可以创建参考线，在 Photoshop 中，可以创建水平参考线和垂直参考线，参考线的创建方法包括快速创建参考线和精确创建参考线两种。接下来，以创建水平参考线为例，讲解创建参考线的方法。

① 快速创建参考线。

将鼠标指针定位在水平标尺上,单击并向下拖曳,释放鼠标,完成水平参考线的创建,创建水平参考线示例如图 8-40 所示。

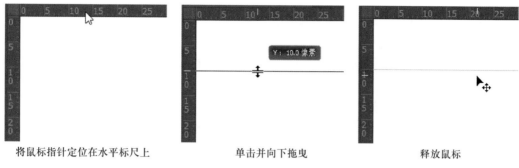

| 将鼠标指针定位在水平标尺上 | 单击并向下拖曳 | 释放鼠标 |

图 8-40　创建水平参考线示例

② 精确创建参考线。

选择"视图"→"新建参考线"选项(或依次按 Alt → V → E 键),会打开"新建参考线"对话框,如图 8-41 所示。

在如图 8-41 所示的"新建参考线"对话框中,"取向"用于确定参考线的方向,"位置"用于确定参考线在画布中的精确位置。例如,在"新建参考线"对话框中,选中"水平"单选按钮,设置"位置"为 10 像素,单击"确定"按钮,则可以在画布垂直方向的 10 像素处创建水平参考线。

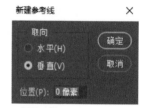

图 8-41　"新建参考线"
对话框

在运用参考线时,有一些实用的小技巧,具体如下。

● 锁定和解除锁定参考线:选择"视图"→"锁定参考线"选项(或按 Ctrl+Alt+;快捷键)可以锁定参考线;再次选择"视图"→"锁定参考线"选项(或按 Ctrl+Alt+;快捷键)可以解除参考线的锁定。

● 清除参考线:选择"视图→"清除参考线"选项(或依次按 Alt → V → D 键)可以清除参考线。

● 显示和隐藏参考线:选择"视图"→"显示"→"参考线"选项(或按 Ctrl+;快捷键)可以显示创建的参考线;再次选择"视图"→"显示"→"参考线"选项(或按 Ctrl+;快捷键)可以隐藏创建的参考线。

● 改变参考线的位置:将鼠标指针悬停在参考线上,当鼠标指针变成⬍样式时,单击并拖曳参考线,在目标位置释放鼠标,可以完成参考线位置的改变。

■ 任务实现

根据任务分析思路,【任务 8-2】制作环保 APP 引导页的具体实现步骤如下。

1. 制作背景

Step01:新建一个 1170 像素 ×2532 像素的文档。

Step02:按 Ctrl+S 快捷键,以名称"【任务 8-2】APP 引导页.psd"保存文档。

Step03:绘制一个正圆形和一个矩形,将其合并,得到如图 8-42 所示的形状。

Step04:置入如图 8-43 所示的素材"城市背景.jpg",调整素材的大小和位置。

Step05：选中城市背景所在素材，按 Ctrl+Alt+G 快捷键创建剪贴蒙版，创建剪贴蒙版示例如图 8-44 所示。

图 8-42　绘制形状　　　　图 8-43　素材"城市背景.jpg"　　　　图 8-44　创建剪贴蒙版示例 1

Step06：置入如图 8-45 所示的素材"绿色地球.png"。调整素材的位置和大小。

Step07：将地球所在图层放置在城市背景所在图层的下方，以"椭圆 1"图层为基底层，创建剪贴蒙版，创建剪贴蒙版示例如图 8-46 所示。

Step08：选中地球所在图层，将其垂直翻转，调整地球的位置。垂直翻转地球示例如图 8-47 所示。

Step09：将"椭圆 1"图层填充为深绿色（RGB：14、105、55）。

图 8-45　素材"绿色地球.png"　　　图 8-46　创建剪贴蒙版示例 2　　　图 8-47　垂直翻转地球示例

Step10：为"椭圆 1"图层添加"内阴影"图层样式,"内阴影"图层样式参数设置如图 8-48 所示。内阴影效果如图 8-49 所示。

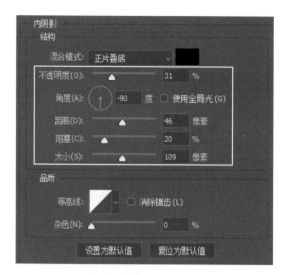

图 8-48　"内阴影"图层样式参数设置　　　　　图 8-49　内阴影效果

Step11：置入如图 8-50 所示的素材"自行车. png"。

Step12：调整自行车的大小、位置以及倾斜角度,自行车示例如图 8-51 所示。

图 8-50　素材"自行车.png"　　　　　　图 8-51　自行车示例

Step13：新建图层,得到"图层 1",使用"椭圆选框工具"绘制羽化值为 15 像素的椭圆选框,并将其填充为绿色(RGB:14、105、55),设置"图层 1"的图层混合模式为"正片叠底","图层 1"示例如图 8-52 所示。

Step14：将"图层 1"压扁,如图 8-53 所示。

Step15：复制 3 次"图层 1",移动复制的"图层 1"至所需位置,作为车轮的投影,车轮投影示例如图 8-54 所示。

图 8-52 "图层 1"示例

图 8-53 将"图层 1"压扁

图 8-54 车轮投影示例

Step16：选中车轮投影所在图层，为其编组，并将组命名为"车轮投影"；选中除背景外的所有图层，为其编组，并将组命名为"大背景"。

2. 制作文字内容

Step01：使用"横排文字工具" Ⅰ 依次输入文字"低""碳""生""活"，设置字体为"包图粗朗体"。

Step02：选择"视图"→"标尺"选项（或按 Ctrl+R 快捷键）调出标尺，并创建参考线。改变"碳""生""活"的字体大小和位置，使其顶部和底部对齐，文字排列样式如图 8-55 所示。

Step03：选择"视图"→"显示"→"参考线"选项（或按 Ctrl+;快捷键）隐藏参考线。

Step04：依次将所有文字所在的图层，转换为图框，转换图框示例如图 8-56 所示。

图 8-55 文字排列样式

图 8-56 转换图框示例

Step05：将素材"风景.jpg"，依次拖曳至图框中，填充图框，并调整素材的位置，填充图框示例如图 8-57 所示。

Step06：绘制绿色（RGB：25、126、58）的矩形，并输入文字，矩形和文字示例如图 8-58 所示。

图 8-57 填充图框示例

图 8-58 矩形和文字示例

Step07：绘制绿色（RGB：25、126、58）的圆角矩形，并输入文字，圆角矩形和文字示例如图 8-59 所示。

Step08：为所有文字所在图层编组，并将组命名为"文字内容"。

Step09：绘制 5 个小正圆，调整其颜色和位置，为小正圆编组，将组命名为"小圆点"，小圆点示例如图 8-60 所示。

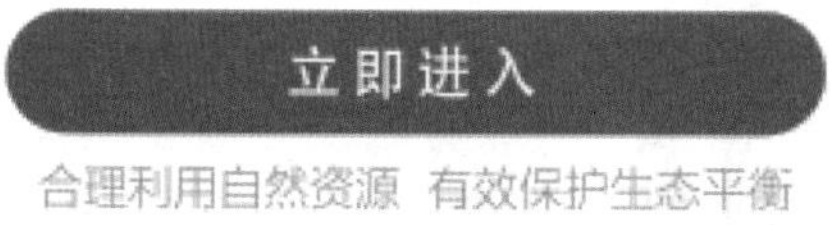

立即进入

合理利用自然资源 有效保护生态平衡

图 8-59　圆角矩形和文字示例

图 8-60　小圆点示例

至此,环保 APP 引导页制作完成。

项目总结

项目 8 包括两个任务,其中【任务 8-1】的目的是让读者能够掌握图层蒙版的基本操作,完成此任务,读者能够制作人物插画。【任务 8-2】的目的是让读者掌握剪贴蒙版、图框的基本操作,完成此任务,读者能够制作环保 APP 引导页。

同步训练:制作镂空冰激凌效果

学习完前面的内容,接下来请根据要求完成作业。

要求:请结合前面所学知识,根据提供的素材,制作镂空冰激凌效果。镂空冰激凌效果如图 8-61所示。

图 8-61　镂空冰激凌效果

项目 9

利用滤镜制作特殊效果

◆ 掌握智能滤镜的基本操作和滤镜的使用方法，能够完成星际穿越效果的制作。
◆ 掌握滤镜库、液化滤镜以及一些其他滤镜的使用方法，能够完成太空球体效果的制作。

在 Photoshop 中，利用滤镜可以模拟现实生活中的真实效果。例如，水波纹、云彩、镜头光晕等。本项目将通过制作星际穿越效果和太空球体效果两个任务详细讲解滤镜的相关知识。

PPT：项目 9　利用滤镜制作特殊效果

教学设计：项目 9　利用滤镜制作特殊效果

任务 9-1 制作星际穿越效果

　　在 Photoshop 中,滤镜能够制作多种多样的特殊效果。本任务将制作一个星际穿越效果,通过本任务的学习,读者能够掌握智能滤镜的基本操作和滤镜的使用方法。星际穿越效果如图 9-1 所示。

实操微课 9-1:
任务 9-1 星际
穿越效果

图 9-1 星际穿越效果

■ 任务目标

知识目标	● 了解滤镜,能够归纳出应用滤镜的规则
技能目标	● 掌握智能滤镜的基本操作,能够完成滤镜的转换和编辑等操作 ● 掌握"扭曲"滤镜组中的滤镜,能够熟练运用"扭曲"滤镜组中的各个滤镜 ● 掌握"风格化"滤镜组中的滤镜,能够熟练应用"风格化"滤镜组中的各个滤镜

■ 任务分析

　　任务中包含两个素材,在制作时,可以按照以下思路完成星际穿越效果的制作。

　　1. 制作背景样式

　　该部分是将一张平面图处理成带有立体空间的背景,实现步骤如下。

　　(1)置入平面图素材,作为背景。

　　(2)为背景应用"凸出"滤镜,创建凸出效果。

　　(3)为背景应用"油画"滤镜,创建油画效果。

　　(4)为背景应用"极坐标"滤镜,创建空间效果。

　　(5)复制背景,隐藏多余像素,使空间效果更加自然。

　　2. 调整背景颜色

　　制作好背景样式后,颜色有些暗淡,需要调整该部分的背景颜色,实现步骤如下。

（1）调整背景的色相和饱和度。

（2）调整背景的亮度。

3. 添加宇航员

该部分主要是将宇航员与背景进行拼合，在制作时，主要调整宇航员的颜色，使画面效果更加和谐。

■ 知识储备

1. 认识滤镜

滤镜能够改变图像的像素，以创建特殊效果。例如，通过滤镜可以模拟素描、墙面纹理等效果。在菜单栏中选择"滤镜"选项，会弹出"滤镜"菜单，如图 9-2 所示。

在如图 9-2 所示的"滤镜"菜单中，包含了多个滤镜和滤镜组，选择对应的滤镜，即可为图像应用滤镜。在 Photoshop 中，应用滤镜有以下规则。

（1）应用滤镜前，必须选中图层，且图层必须是可见的。

（2）若图层中存在选区，应用滤镜后，滤镜只应用在选区范围内。

（3）大多数滤镜必须应用在包含像素的图层中。

此外，当滤镜显示灰色，代表该滤镜不可使用，通常情况下，是颜色模式的问题，只有 RGB 颜色模式的图像才能应用全部的滤镜。在应用滤镜时，按 Ctrl+Alt+F 快捷键可以重复应用上一步应用的滤镜。

图 9-2 "滤镜"菜单

2. 智能滤镜

智能滤镜是指应用在智能对象图层中的滤镜。与普通滤镜相比，智能滤镜的优点是：不但不会破坏图像，还可以对滤镜进行反复地编辑。当为智能对象图层应用滤镜后，智能对象图层的下方会显示滤镜的名称，为智能对象图层应用滤镜示例如图 9-3 所示。

理论微课 9-1：   理论微课 9-2：
认识滤镜   智能滤镜

图 9-3 为智能对象图层应用滤镜示例

观察图 9-3，可以发现，在为智能对象应用滤镜后，在图层右侧会显示 ⬒ 图标，下方会显示智能蒙版和智能滤镜列表。智能蒙版，可以隐藏滤镜处理后的图像效果；智能滤镜列表中包括图层中应用的滤镜。

为了更好地使用智能滤镜,需要掌握智能滤镜的基本操作,以下介绍智能滤镜的基本操作。

（1）转换为智能滤镜

当图层为普通图层时,应用的滤镜是普通滤镜,它不具备智能滤镜的优点,若要为其应用智能滤镜,则需要将其转换为智能对象。除了在项目2中介绍的转换智能对象的方法外,还可以选择"滤镜"→"转换为智能滤镜"选项,将普通图层转换为智能对象。

（2）编辑智能滤镜

编辑智能滤镜是指设置滤镜效果的混合模式和不透明度。双击"图层"面板中智能滤镜名称右侧所对应的"混合选项"按钮，会打开"混合选项"对话框,如图9-4所示。

在"混合选项"对话框中,对话框名称右侧显示的"(风)"代表滤镜的名称,说明正在调整"风"的滤镜效果;"模式"用于设置滤镜与原图像之间的混合模式;"不透明度"用于设置滤镜效果的不透明度。

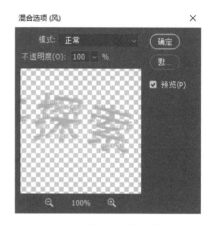

图9-4 "混合选项"对话框

（3）更改智能滤镜参数

更改智能滤镜参数是指在再次打开的"滤镜"对话框中,重新设置智能滤镜的参数。双击智能滤镜名称,可以再次打开智能滤镜所对应的对话框,在对话框中重新设置参数即可。

（4）编辑智能蒙版

通过编辑智能蒙版,能够隐藏智能滤镜中的指定区域。智能蒙版的操作原理与图层蒙版完全相同,即填充黑色隐藏图像,填充白色显示图像,填充灰色半透明显示图像,应用智能蒙版后的图像效果如图9-5所示。

图9-5 应用智能蒙版后的图像效果

（5）排列智能滤镜

滤镜排列的顺序不同,得到的最终效果也不同。在Photoshop中,默认新应用的滤镜排列在上方,效果优先显示。可以利用排列智能滤镜的方法,调整图像的最终效果。

排列智能滤镜的方法和排列图层的方法类似,单击并拖曳一个智能滤镜至目标位置,即可完成智能滤镜的重排。不同顺序的滤镜效果示例如图9-6所示。

（6）隐藏与显示智能滤镜

单击智能滤镜名称左侧的◎图标,可以隐藏该智能滤镜。单击"智能滤镜"左侧的◎图标,可

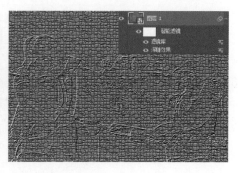

图 9-6 不同顺序的滤镜效果示例

以隐藏图层中的所有智能滤镜。反之,显示 👁 图标,则会显示智能滤镜。

（7）删除智能滤镜

删除智能滤镜时,可以删除图层的单个智能滤镜,也可以删除图层的所有智能滤镜,具体如下。

① 删除图层的单个智能滤镜:将智能滤镜的名称拖曳至"删除图层"按钮 🗑,释放鼠标,完成单个智能滤镜的删除操作。

② 删除图层的所有智能滤镜:单击并拖曳图层右侧的 👁 图标至"删除图层"按钮 🗑,释放鼠标,完成所有智能滤镜的删除操作。

3. 扭曲滤镜组

"扭曲"滤镜组中包含了多个可以将图像进行几何扭曲的滤镜。选择"滤镜"→"扭曲"选项,可显示"扭曲"滤镜列表,如图 9-7 所示。

理论微课 9-3:
扭曲滤镜组

图 9-7 "扭曲"
滤镜列表

在如图 9-7 所示的"扭曲"滤镜列表中包括"波浪""波纹"等多个滤镜,常用的滤镜如下。

（1）"波浪"

"波浪"可以在图像上创建波状起伏的图案,生成波浪效果。如图 9-8 所示为"波浪"对话框。

在如图 9-8 所示的"波浪"对话框中,包括"生成器数""波长""波幅"等参数,这些参数的解释如下。

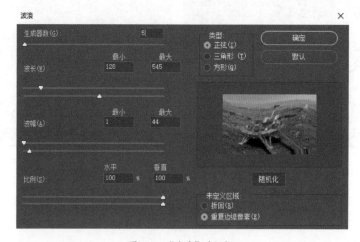

图 9-8 "波浪"对话框

①"生成器数":用于设置波纹的多少,数值越大,波纹越多。

②"波长":用于设置相邻两个波峰的水平距离。包括"最小"和"最大"两个选项,在设置时,"最小"波长不能超过"最大"波长。

③"波幅":用于设置最小和最大的波动幅度。

④"比例":用于控制水平和垂直方向的波动幅度。

⑤"类型":用于设置波浪的形态,包括"正弦""三角形""方形"。

设置好"波浪"参数后,单击"确定"按钮,即可应用"波浪"。应用"波浪"效果如图 9-9 所示。

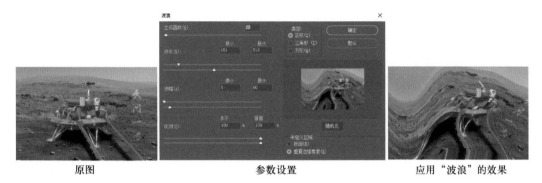

图 9-9 应用"波浪"效果

（2）"波纹"

"波纹"与"波浪"的工作方式相同,但提供的选项较少,只能控制波纹的数量和波纹大小,应用"波纹"的效果如图 9-10 所示。

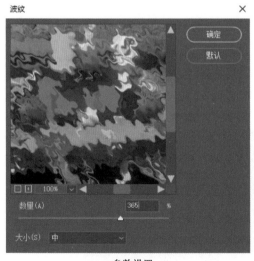

参数设置   应用"波纹"的效果

图 9-10 应用"波纹"的效果

（3）"极坐标"

"极坐标"可以创建曲面扭曲效果。如图 9-11 所示为"极坐标"对话框。

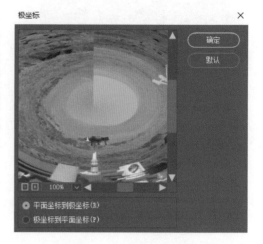

在如图 9-11 所示的"极坐标"对话框中，"平面坐标到极坐标"可以将图像从平面坐标转换为极坐标；"极坐标到平面坐标"可以将图像从极坐标转换为平面坐标。转换为平面坐标和极坐标的效果分别如图 9-12 和图 9-13 所示。

（4）"挤压"

"挤压"主要用于生成凹陷样式。如图 9-14 所示为"挤压"对话框。

在"挤压"对话框中，"数量"用于控制凹陷的程度。绘制一个正圆选区，为选区应用"挤压"的效果如图 9-15 所示。

图 9-11　"极坐标"对话框

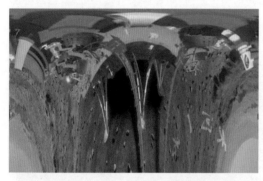

图 9-12　转换为平面坐标效果

图 9-13　转换为极坐标的效果

图 9-14　"挤压"对话框

图 9-15　为选区应用"挤压"的效果

（5）"球面化"

"球面化"主要用于生成凸起样式。如图 9-16 所示为"球面化"对话框。

在如图 9-16 所示的"球面化"对话框中，"数量"用于控制凸起的程度。绘制一个正圆选区，为选区应用"球面化"的效果如图 9-17 所示。

图 9-16　"球面化"对话框

图 9-17　为选区应用"球面化"的效果

（6）"旋转扭曲"

"旋转扭曲"可以围绕图像的中心对图像进行旋转。如图 9-18 所示为"旋转扭曲"对话框。

在如图 9-18 所示的"旋转扭曲"对话框中，"角度"用于控制"旋转扭曲"的程度，数值越大，旋转的程度越大。"角度"的取值为 -999°~999°，当数值为正数时，图像顺时针进行旋转；当数值为负数时，图像逆时针进行旋转。例如，设置"角度"为 500°，图像的旋转效果如图 9-19 所示。

图 9-18　"旋转扭曲"对话框

图 9-19　图像的旋转效果

4. 风格化滤镜组

"风格化"滤镜组中的滤镜是通过置换像素和查找并增加图像的对比度，生成绘画或印象派的效果。选择"滤镜"→"风格化"选项，可显示"风格化"滤镜列表，如图 9-20 所示。

在如图 9-20 所示的"风格化"滤镜列表中包括"查找边缘""风""凸出""油画"4 个常用滤镜，下面以如图 9-21 所示的原图像为例，对常用的滤镜进行讲解。

（1）"查找边缘"

"查找边缘"可以自动搜索图像中对比强烈的边界，形成一个清晰的轮廓。应用"查找边缘"示例如图 9-22 所示。

理论微课 9-4：
风格化滤镜组

| 查找边缘 |
| 等高线… |
| 风… |
| 浮雕效果… |
| 扩散… |
| 拼贴… |
| 曝光过度 |
| 凸出… |
| 油画… |

图 9-20　"风格化"
滤镜列表

图 9-21　原图像

图 9-22　应用"查找边缘"示例

（2）"风"

"风"可以使图像产生细小的水平线，以达到不同的风吹效果。"风"对话框和应用"风"示例分别如图 9-23 和图 9-24 所示。

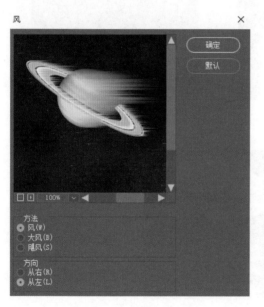

图 9-23　"风"对话框

图 9-24　应用"风"示例

（3）"凸出"

"凸出"可以将图像分成一系列大小相同且有机重叠的立方体或椎体。"凸出"对话框和应用"凸出"示例分别如图 9-25 和图 9-26 所示。

（4）"油画"

"油画"可以快速让图像呈现油画效果。"油画"对话框和应用"油画"示例分别如图 9-27 和图 9-28 所示。

📄 注意：

　　在应用滤镜时，不需要记忆滤镜的参数，可以根据图像效果，调整各个选项的参数。

图 9-25　"凸出"对话框

图 9-26　应用"凸出"示例

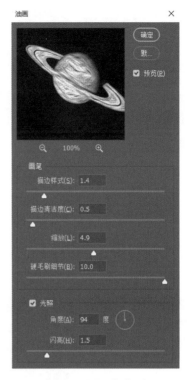

图 9-27　"油画"对话框

图 9-28　应用"油画"示例

■ 任务实现

根据任务分析思路,【任务 9-1】制作星际穿越效果的具体实现步骤如下。

1. 制作背景样式

Step01:打开素材"背景.jpg",如图 9-29 所示。

Step02:新建文档,设置"宽度"和"高度"分别为 90° 像素和 160° 像素,按 Shift+Ctrl+S 快捷键,以名称"【任务 9-1】星际穿越效果.psd"保存文档。

Step03:复制背景图层,得到"图层 1",将"图层 1"顺时针旋转 90°。

Step04:调整图像大小,图像大小示例如图 9-30 所示。

Step05:选择"滤镜"→"风格化"→"凸出"选项,在打开的"凸出"对话框中设置参数,"凸出"参数设置和凸出效果分别如图 9-31 和图 9-32 所示。

图 9-29　素材"背景.jpg"

图 9-30　图像大小示例

图 9-31　"凸出"参数设置

图 9-32　凸出效果

Step06：选择"滤镜"→"风格化"→"油画"选项，在打开的"油画"对话框中设置参数，"油画"参数设置和油画效果分别如图 9-33 和图 9-34 所示。

Step07：选择"滤镜"→"扭曲"→"极坐标"选项，在打开的"极坐标"对话框中选择"平面坐标到极坐标"选项，得到扭曲效果，如图 9-35 所示。

Step08：复制"图层 1"，得到"图层 1 拷贝"，将"图层 1 拷贝"垂直翻转，并建立图层蒙版，隐藏如图 9-36 所示的区域。得到如图 9-37 所示的效果。

Step09：合并"图层 1"和"图层 1 拷贝"，得到"图层 1 拷贝"图层。

Step10：对"图层 1 拷贝"图层进行变换操作，使"图层 1 拷贝"图层变圆，变圆示例如图 9-38 所示。

Step11：选择"滤镜"→"扭曲"→"挤压"选项，在打开的"挤压"对话框中，设置"数量"为 15%。

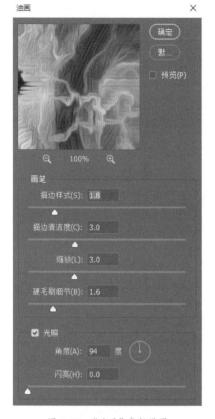

图 9-33　"油画"参数设置

图 9-34　油画效果

图 9-35　扭曲效果

图 9-36　隐藏区域

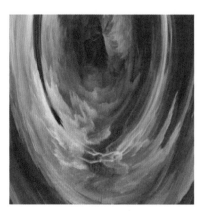

图 9-37　得到隐藏效果

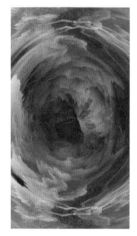

图 9-38　变圆示例

2. 调整背景颜色

Step01：新建"色相 / 饱和度"调整图层，在调整图层中设置参数，"色相 / 饱和度"参数示例如图 9-39 所示。调色效果如图 9-40 所示。

Step02：复制"图层 1 拷贝"，得到"图层 1 拷贝 2"，将其拖曳至调整图层上方，并为其添加图层蒙版，在图层边缘进行绘制，隐藏周围像素，使空间更加立体。蒙版和蒙版效果如图 9-41 所示。

Step03：添加"亮度 / 对比度"调整图层，调整"亮度"为 45，变亮效果如图 9-42 所示。

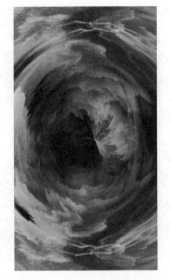

图 9-39 "色相 / 饱和度"参数示例　　　　图 9-40 调色效果

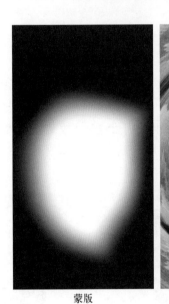

蒙版　　　　　　　蒙版效果

图 9-41 蒙版和蒙版效果

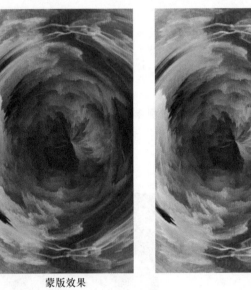

图 9-42 变亮效果

3. 添加宇航员

Step01：将素材"宇航员. png"置入文档窗口，调整素材的大小、位置和旋转角度。素材的大小、位置和旋转角度示例如图 9-43 所示。

Step02：添加"色彩平衡"调整图层，单击 按钮，只影响下一图层。

Step03：分别调整素材高光部分和中间调部分的色彩平衡，如图 9-44 和图 9-45 所示。此时，调整颜色后的效果如图 9-46 所示。

Step04：将"亮度 / 对比度"调整图层拖曳至最上方。

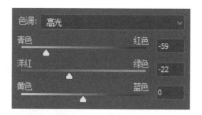

图 9-44　高光部分的色彩平衡

图 9-43　素材的大小、位置和
旋转角度示例

图 9-45　中间调部分的色彩平衡

图 9-46　调整颜色后的效果

至此,星际穿越效果制作完成。

任务 9-2　制作太空球体效果

通过 Photoshop 提供的滤镜制作多种炫酷效果。本任务将制作一个太空球体效果,通过本任务
的学习,读者能够掌握滤镜库、液化滤镜以及一些其他滤镜的使用方法。太空球体效果如图 9-47
所示。

图 9-47　太空球体效果

实操微课 9-2:
任务 9-2　太空
球体效果

■ 任务目标

技能目标	● 掌握滤镜库的使用方法,能够在滤镜库中为图像应用多个滤镜 ● 掌握"液化"滤镜的使用方法,能够对图像的局部区域进行变形 ● 掌握"杂色"滤镜组中的滤镜,能够为图像添加杂色 ● 掌握"模糊"滤镜组中的滤镜,能够根据需要模糊图像 ● 掌握"渲染"滤镜组中的滤镜,能够制作云彩和镜头光晕效果

■ 任务分析

在太空球体效果中包含背景、球体、光效和小球 4 部分,在制作时,可以按照以下思路完成太空球体效果的制作。

1. 制作背景

背景主要是由云彩、星空两部分组成,实现步骤如下。

(1)应用"云彩"滤镜,制作云彩效果。

(2)应用"杂色"滤镜,制作星空效果。

2. 绘制球体

(1)使用"画笔工具"绘制彩色线条。

(2)应用"液化"滤镜变形线条。

(3)应用"球面化"滤镜,制作球体效果。

3. 制作光效

(1)应用"镜头光晕"滤镜,创建光晕。

(2)应用"极坐标"滤镜得到一个光效。

(3)复制光效,改变光效的角度、颜色。

4. 制作小球

(1)通过滤镜库创建纹理。

(2)应用"球面化"滤镜,创建小球效果。

(3)复制小球,改变小球的大小、颜色和不透明度等参数,得到多个小球效果。

■ 知识储备

1. 滤镜库

滤镜库提供了许多滤镜,在滤镜库中,可以为同一幅图像应用多个滤镜,并查看效果。选择"滤镜"→"滤镜库"选项,会打开"滤镜库"对话框,如图 9-48 所示。

在使用滤镜库前,需要先熟悉滤镜库,为了便于学习,本书将滤镜库分为熟悉滤镜库和使用滤镜库两个模块。

理论微课 9-5:
滤镜库

(1)熟悉滤镜库

在如图 9-48 所示的"滤镜库"对话框中,包含预览区、缩放区、滤镜区等 6 个区域,具体如下。

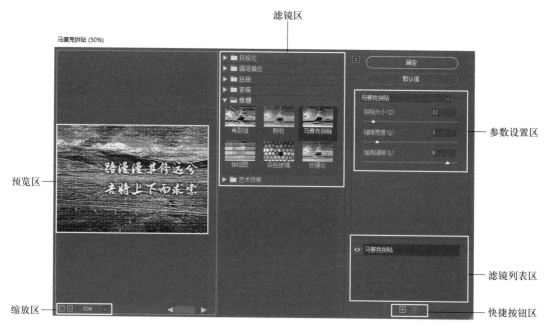

图 9-48　"滤镜库"对话框

① 预览区：用于预览滤镜效果。

② 缩放区：用于缩放预览区中图像的显示比例。单击⊞按钮，可以放大预览区中图像的显示比例；单击⊟按钮，则可以缩小预览区中图像的显示比例。

③ 滤镜区：共包含 6 个滤镜组，每个滤镜组包含多个滤镜，在滤镜区可以选择滤镜进行应用。

④ 参数设置区：用于设置滤镜的参数，以调整效果。

⑤ 滤镜列表区：用于存放效果图层，效果图层类似于"图层"面板中的图层，应用滤镜后，滤镜会作为效果图层，显示在滤镜列表区中，单击效果图层左侧的👁图标，可以隐藏或显示滤镜效果。

⑥ 快捷按钮区：用于新建或删除滤镜。

● "新建效果图层"按钮🔲用于新建效果图层。

● "删除效果图层"按钮🗑用于删除效果图层。

（2）使用滤镜库

① 应用单个滤镜：在滤镜库中的滤镜区，单击滤镜组左侧的▶按钮，可以展开滤镜组；单击滤镜组中的滤镜，可以应用滤镜。应用滤镜后，滤镜作为效果图层显示在滤镜列表区中。

② 应用多个滤镜：首先在快捷按钮中单击"新建效果图层"按钮🔲，此时会复制当前的效果图层；然后选择需要的滤镜，新滤镜会替换原滤镜。重复操作可以添加多个滤镜，图像效果也会变得更加丰富。应用多个滤镜示例如图 9-49 所示。

图 9-49　应用多个滤镜示例

③ 更改效果图层的顺序：上下拖曳效果图层可以调整它们的顺序，调整效果图层的顺序后，最终的图像效果也会发生改变。

2. 液化滤镜

"液化"滤镜具有强大的变形和创建特效的功能。通过"液化"滤镜可以推、拉、旋转、反射、折

叠和膨胀图像的任意区域,以修饰图像或创建艺术效果。选择"滤镜"→"液化"
选项(或按 Shift+Ctrl+X 快捷键),打开"液化"对话框,如图 9-50 所示。

在"液化"对话框中有多个选项,各选项的解释如下。

(1)工具按钮

工具按钮中包含用于液化的各种工具,包括"向前变形工具""重建工具"
等,通过这些工具可以直接调整图像。常用工具的使用说明如下。

①"向前变形工具" :在图像上拖曳,可以推动图像而产生变形。

②"重建工具" :在已经变形的区域上拖曳,能够恢复图像的原始状态。

③"冻结蒙版工具" :在图像上拖曳,可以将不需要液化的区域创建为冻结的蒙版,使之不被
编辑。

④"解冻蒙版工具" :可以擦除冻结的蒙版区域,使之能够被编辑。

⑤选择"脸部工具" :可以直接在预览区粗略地调整人物的脸部和五官的状态。

(2)工具选项

工具选项用于设置当前工具的各种属性,如画笔大小、画笔压力等。

(3)人脸识别

人脸识别可以精确地调整人物脸部和五官的参数,包含眼睛、鼻子、嘴唇和脸部形状 4 个选项。

(4)蒙版选项

蒙版选项用于设置蒙版的创建方式。其中,单击"全部蒙住"按钮会冻结整个图像;单击"全部
反相"按钮会反相冻结区域。

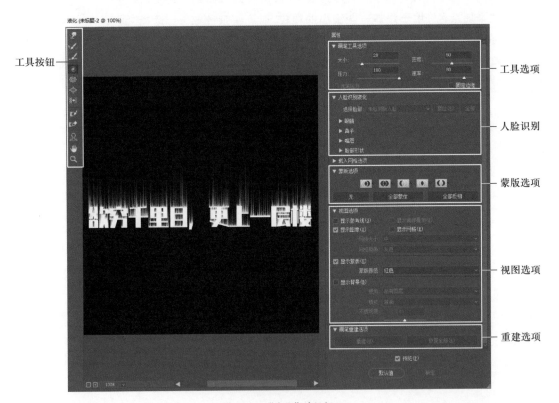

图 9-50 "液化"对话框

（5）视图选项

用于定义当前图像、蒙版以及背景图像的显示方式。

（6）重建选项

用于选择重建液化的方式。"重建"可以将未冻结的区域逐步恢复为初始状态；"恢复全部"可以一次性恢复全部未冻结的区域。

在熟悉了"液化"对话框中常用工具和选项后，接下来通过"液化"滤镜变形图像，变形图像示例如图 9-51 所示。

图 9-51　变形图像示例

3. 杂色滤镜组

"杂色"滤镜组中的滤镜可以添加或去除杂色，以创建特殊的图像效果。例如，可以通过"杂色"滤镜组中的滤镜制作下雨效果。选择"滤镜"→"杂色"选项，可以看到"杂色"滤镜列表，如图 9-52 所示。

理论微课 9-7：
杂色滤镜组

在如图 9-52 所示的"杂色"滤镜列表中，日常较为常用的滤镜是"添加杂色"。"添加杂色"用于添加一些细小的颗粒，以产生杂色效果。选择"滤镜"→"杂色"→"添加杂色"选项，会打开"添加杂色"对话框，如图 9-53 所示。

在如图 9-53 所示的"添加杂色"对话框中，包括"数量""分布"和"单色"选项，具体如下。

图 9-52　"杂色"滤镜列表　　　　图 9-53　"添加杂色"对话框

（1）"数量"：用于设置杂色的数量。

（2）"分布"：用于设置杂色的分布方式。选中"平均分布"单选按钮,系统会随机地在图像中加入杂色；选中"高斯分布"单选按钮,系统会沿一条钟形曲线分布的方式来添加杂色。

（3）"单色"：选中"单色"复选框后,只为图像添加单一颜色的杂色,杂色只影响原有像素的亮度,并不会改变图像的颜色。例如,图 9-54 为原图,在"添加杂色"对话框中,未选中"单色"复选框和选中"单色"复选框效果分别如图 9-55 和图 9-56 所示。

图 9-54 原图

图 9-55 未选中"单色"复选框后的效果

图 9-56 选中"单色"复选框的效果

4. 模糊滤镜组

"模糊"滤镜组中的滤镜可以降低相邻像素之间的对比,使图像模糊。选择"滤镜"→"模糊"选项可以看到"模糊"滤镜列表,如图 9-57 所示。

在如图 9-57 所示的"模糊"滤镜列表中,包括"动感模糊""高斯模糊"和"径向模糊"等常用的滤镜,这些滤镜说明如下。

理论微课 9-8：
模糊滤镜组

（1）"动感模糊"

"动感模糊"可以使图像产生速度感效果,类似于给一个移动的对象拍照。如图 9-58 所示为"动感模糊"对话框。

图 9-57 "模糊"滤镜列表 | 图 9-58 "动感模糊"对话框

在如图 9-58 所示的"动感模糊"对话框中,包括"角度"和"距离"两个选项,具体如下。

①"角度":用于设置模糊的方向。

②"距离":用于设置像素移动的距离。

例如,设置"角度"为 -75°,"距离"为 50 像素,原图和图像的模糊效果如图 9-59 和图 9-60 所示。

图 9-59   原图   图 9-60   图像的模糊效果

（2）"高斯模糊"

"高斯模糊"可以使图像产生朦胧的效果。选择"滤镜"→"模糊"→"高斯模糊"选项,会打开"高斯模糊"对话框,如图 9-61 所示。

在如图 9-61 所示的对话框中,"半径"用于设置模糊的程度,数值越大,模糊效果越强烈。例如,设置"半径"为 5 像素和"半径"为 20 像素的图像效果分别如图 9-62 和图 9-63 所示。

（3）"径向模糊"

"径向模糊"可以模拟在拍摄过程中,移动、旋转后所产生的模糊效果。如图 9-64 所示为"径向模糊"对话框。

在如图 9-64 所示的"径向模糊"对话框中,包括"数量""模糊方法"两个常用选项,具体如下。

①"数量":用于设置模糊的强度,数值越大,模糊效果越强烈。

图 9-61   "高斯模糊"对话框   图 9-62   设置"半径"为 5 像素的图像效果

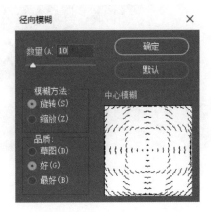

图 9-63　设置"半径"为 20 像素的图像效果　　　　图 9-64　"径向模糊"对话框

②"模糊方法":包括"旋转"和"缩放"两个方法。

● "旋转":能够使图像产生旋转的模糊效果。

● "缩放":能够使图像产生向四周发射的模糊效果。

选择"旋转"和"缩放"所得到的图像效果分别如图 9-65 和图 9-66 所示。

图 9-65　选择"旋转"所得到的图像效果　　　　图 9-66　选择"缩放"所得到的图像效果

5. 渲染滤镜组

"渲染"滤镜组中的滤镜可以创建灯光、云彩等效果。选择"滤镜"→"渲染"选项,可以看到"渲染"滤镜列表,如图 9-67 所示。

理论微课 9-9:
渲染滤镜组

在如图 9-67 所示的"渲染"滤镜列表中,常用的滤镜包括"云彩""分层云彩"和"镜头光晕",具体说明如下。

(1)"云彩"

通过"云彩"可以根据前景色和背景色随机生成云彩图案。应用"云彩"时,不需要设置任何参数。原图像与应用"云彩"示例分别如图 9-68 和图 9-69 所示。

图 9-67　"渲染"
滤镜列表

图 9-68　原图像

图 9-69　应用"云彩"示例

（2）"分层云彩"

"分层云彩"的原理与"云彩"的原理类似，但与"云彩"不同的是，"分层云彩"不能应用于空图层中。在使用"分层云彩"的过程中，生成的云彩图案会和现有的图像像素进行混合，图像的某些区域会被反相为云彩图案。

例如，依旧以如图 9-68 所示的原图像为例，为图像应用"分层云彩"后的效果如图 9-70 所示。

图 9-70　为图像应用"分层云彩"后的效果

（3）"镜头光晕"

"镜头光晕"能够模拟亮光照射到相机镜头所产生的折射。如图 9-71 所示为"镜头光晕"对话框。

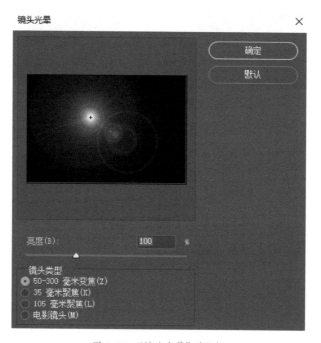

图 9-71　"镜头光晕"对话框

在如图 9-71 所示的"镜头光晕"对话框中,通过拖曳预览图中的 ✚,可以改变光晕的位置;通过"亮度"可以改变光晕的亮度;通过"镜头类型"可以改变光晕的样式。

■ 任务实现

根据任务分析思路,【任务 9-2】制作太空球体效果的具体实现步骤如下。

1. 制作背景

Step01:新建一个 600 像素 ×800 像素的文档。

Step02:按 Shift+Ctrl+S 快捷键,以名称"【任务 9-2】太空球体效果. psd"保存文档。

Step03:将背景填充为黑色。复制背景图层,得到"图层 1"。

Step04:将"图层 1"转换为智能对象。选择"滤镜"→"杂色"→"添加杂色"选项,在打开的"添加杂色"对话框中设置参数,杂色参数设置示例如图 9-72 所示。

Step05:单击图 9-72 中的"确定"按钮,添加杂色。

Step06:选择"滤镜"→"模糊"→"高斯模糊"选项,设置"半径"为 0. 5 像素。

Step07:按 Ctrl+L 快捷键打开"色阶"对话框,在"色阶"对话框中调整滑块,调整滑块示例如图 9-73 所示。杂色效果如图 9-74 所示。

Step08:复制"图层 1"图层,得到"图层 1 拷贝",更改"图层 1 拷贝"图层的"高斯模糊"滤镜的"半径"为 2. 5 像素,并重新调整色阶的滑块,调整滑块示例如图 9-75 所示。杂色效果如图 9-76 所示。

Step09:设置"图层 1 拷贝"的图层混合模式为"线性减淡(添加)"。

Step10:新建图层,得到"图层 2",设置前景色为蓝色(RGB:23、66、136),背景色为深蓝色(RGB:0、2、47)。

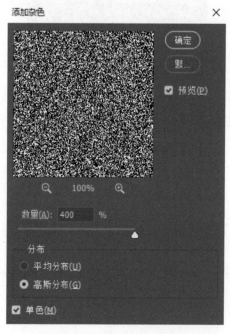

图 9-72　杂色参数设置示例

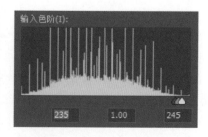

图 9-73　调整滑块示例 1

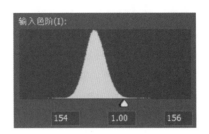

图 9-74   杂色效果 1   图 9-75   调整滑块示例 2

Step11：选择"滤镜"→"渲染"→"云彩"选项，应用"云彩"滤镜，得到云彩效果。

Step12：按 Alt+Ctrl+F 快捷键再次应用"云彩"滤镜，云彩效果示例如图 9-77 所示。

Step13：设置云彩所在图层的图层混合模式为"线性减淡（添加）"。

图 9-76   杂色效果 2   图 9-77   云彩效果示例

2. 绘制球体

Step01：新建图层，得到"图层 3"，使用"画笔工具" 🖌绘制颜色条（样式任意），颜色条示例如图 9-78 所示。

Step02：选择"滤镜"→"液化"选项，在"液化"对话框中，使用"向前变形工具" 🖐进行涂抹，液化效果示例如图 9-79 所示。

Step03：新建"图层 4"，将其填充为蓝色（RGB：44、25、186），将"图层 3"置于顶层，合并"图层 3"和"图层 4"，得到"图层 3"。

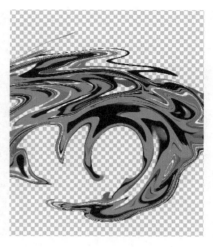

图 9-78　颜色条示例　　　　　　　　　图 9-79　液化效果示例

Step04：绘制一个正圆选区，正圆选区示例如图 9-80 所示。

Step05：选择"滤镜"→"扭曲"→"球面化"选项，在"球面化"对话框中设置"数量"为 100%，应用"球面化"滤镜。

Step06：按 Ctrl+Alt+F 快捷键再次应用"球面化"滤镜，按 Ctrl+J 快捷键复制选区，得到球体，球体示例如图 9-81 所示。

图 9-80　正圆选区示例　　　　　　　　　图 9-81　球体示例

Step07：将球体所在图层重命名为"球体"。为"球体"图层添加图层蒙版，使用黑色画笔在球体的边缘进行绘制，使球体的边缘虚化。球体边缘虚化效果示例如图 9-82 所示。

Step08：新建"色相/饱和度"调整图层，单击 🔲 按钮，只影响下一图层，调整"色相/饱和度"参数，"色相/饱和度"参数示例如图 9-83 所示。

Step09：新建"亮度/对比度"调整图层，单击 🔲 按钮，只影响下一图层，调整"亮度"为 74，球体效果示例如图 9-84 所示。

Step10：调整球体大小。将球体包含的所有图层编组，将组命名为"球"。

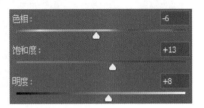

图 9-82　球体边缘虚化效果示例　　　　　　图 9-83　"色相/饱和度"参数示例

图 9-84　球体效果示例

3. 制作光效

Step01：新建"图层 4"，将"图层 4"填充为黑色。

Step02：选择"滤镜"→"渲染"→"镜头光晕"选项，在"镜头光晕"对话框中设置参数，参数设置示例如图 9-85 所示。

Step03：选择"滤镜"→"扭曲"→"极坐标"选项，在"极坐标"对话框中选中"从平面坐标到极坐标"选项，得到光效，光效示例如图 9-86 所示。

Step04：设置光效所在图层的图层混合模式为"滤色"，调整光效的缩放比例，调整比例后的光效示例如图 9-87 所示。

Step05：调整光效的色相，光效颜色示例如图 9-88 所示。

Step06：复制光效所在图层，调整角度和色相，光效示例如图 9-89 所示。

Step07：新建"图层 5"，使用"画笔工具"绘制流光，流光示例如图 9-90 所示。

Step08：复制流光所在图层，改变其色相，得到多个流光效果，流光效果示例如图 9-91 所示。

Step09：选中光所在的所有图层，按 Ctrl+G 快捷键进行编组，为组添加图层蒙版，擦除光的多余部分，擦除效果如图 9-92 所示。

图 9-85　参数设置示例

图 9-86　光效示例 1

图 9-87　调整比例后的光效示例

图 9-88　光效颜色示例

图 9-89　光效示例 2

图 9-90　流光示例

图 9-91　流光效果示例　　　　　　　　　　　图 9-92　擦除效果

Step10：缩小光和球所在图层。

Step11：置入如图 9-93 所示的素材"天空.jpg"，为天空所在图层添加图层蒙版，隐藏多余像素，隐藏多余像素示例如图 9-94 所示。

图 9-93　素材"天空.jpg"　　　　　　　　　　图 9-94　隐藏多余像素示例

Step12：置入如图 9-95 所示的素材"宇航员.png"，调整其位置、角度和大小，宇航员的位置、角度和大小示例如图 9-96 所示。

图 9-95　素材"宇航员.png"　　　　　　　　　图 9-96　宇航员的位置、角度和大小示例

4. 制作小球

Step01：新建一个 500 像素 ×500 像素的文档。

Step02：将背景填充为"黄色"（RGB：228、228、193）。

Step03：选择"滤镜"→"滤镜库"选项，打开"滤镜库"对话框，在滤镜区选择"纹理"→"龟裂缝"选项，龟裂缝预览图如图 9-97 所示。

Step04：单击"新建效果图层"按钮 ，复制效果图层，在滤镜区选择"素描"→"便条纸"选项。

Step05：在参数设置区设置"图像平衡"为 44，"粒度"为 20，"凸现"为 14，参数设置示例如图 9-98 所示。

Step06：单击"滤镜库"对话框中的"确定"按钮，完成滤镜的应用，应用滤镜后的效果如图 9-99 所示。

Step07：绘制一个正圆选区，选择"滤镜"→"扭曲"→"球面化"选项，应用"球面化"滤镜，得到如图 9-100 所示的球状效果。

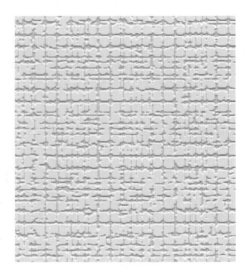

图 9-97 龟裂缝预览图

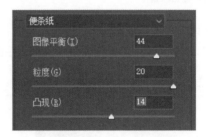

图 9-98 参数设置示例

图 9-99 应用滤镜后的效果

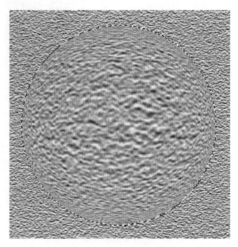

图 9-100 球状效果

Step08：复制选区，取消选区，将复制的图层拖曳至"【任务 9-2】太空球体效果.psd"文档窗口中。

Step09：在"【任务 9-2】太空球体效果.psd"文档窗口复制"球"，并分别调整其大小、色相、不透明度等。

至此，太空球体效果制作完成。

项目总结

项目 9 包括两个任务，其中【任务 9-1】的目的是让读者能够掌握智能滤镜的基本操作，并熟悉滤镜的应用规则，以及"扭曲"滤镜组和"风格化"滤镜组中的滤镜所产生的效果，完成此任务，读者能够制作星际穿越效果。【任务 9-2】的目的是让读者掌握滤镜库和"液化"滤镜的使用方法，并熟悉"杂色"滤镜组、"模糊"滤镜组，以及"渲染"滤镜组中的滤镜所产生的效果，完成此任务，读者能够制作太空球体效果。

同步训练：制作手机屏保

学习完前面的内容，接下来请根据要求完成作业。

要求：请结合前面所学知识，根据提供的素材，制作手机屏保。手机屏保效果如图 9-101 所示。

图 9-101　手机屏保效果

项目 10
制作动画和批处理

学习目标

◆ 掌握帧模式时间轴面板的使用方法，能够制作滑雪动画。
◆ 掌握批量处理图像的方法，能够批量制作艺术画效果。

项目介绍

　　在 Photoshop 中，不仅可以处理图像，还可以制作动画和批量处理图像。本项目将通过制作滑雪动画和批量制作艺术画效果两个任务详细讲解制作动画和批量处理图像的方法。

PPT：项目 10　制作动画和批处理

教学设计：项目 10　制作动画和批处理

制作滑雪动画

在浏览网页时,通常会看到反复播放的动画。在 Photoshop 中,通过帧模式时间轴面板可以制作动画。本任务将制作一个滑雪动画,通过本任务的学习,读者能够掌握帧模式时间轴面板的使用方法。滑雪动画截图如图 10-1 所示。

实操微课 10-1:
任务 10-1　滑雪
动画

图 10-1　滑雪动画截图

■ **任务目标**

知识目标	● 了解什么是帧,能够描述帧的概念
技能目标	● 掌握帧模式时间轴面板的使用方法,能够制作动画

■ **任务分析**

本任务可分为搭建场景和制作动画两部分,可以按照以下思路完成滑雪动画的制作。

1. 搭建场景

场景中共包含 3 个素材,分别是滑雪背景、运动员和雪花,本部分主要是将多个素材进行拼合,搭建一个静态的场景。

2. 制作动画

该部分主要通过帧模式时间轴面板,创建多个帧,并且改变每一帧的状态,使每一帧的画面效果都不同。在制作的过程中,随时播放查看效果并对效果进行调整。

■ 知识储备

1. 帧

当在 Photoshop 中打开一个动画时,会发现 Photoshop 已经把动画分解成一张一张的小图像。动画及其对应的效果图像如图 10-2 所示。

理论微课 10-1:帧

在图 10-2 中,存放小图像的区域是"时间轴"面板。在"时间轴"面板中,每张图像都统称为帧。帧是动画中最小单位的单幅影像画面,相当于电影胶片上的每一格镜头。每一帧都是静止的图像,当这些帧被快速、连续地展示便形成了动的假象。在一个动画里,每秒钟帧数越多,所显示的动作就会越流畅。

图 10-2 动画及其对应的效果图像

帧分为关键帧和过渡帧,关键帧是指物体运动或变化中的关键动作所处的那一帧,包含动画中关键的图像;而过渡帧可以由 Photoshop 自动生成,形成关键帧之间的过渡效果。通常情况下,两个关键帧的中间可以没有过渡帧,但过渡帧前后会存在关键帧。关键帧和过渡帧示例如图 10-3 所示。

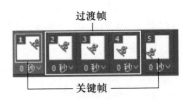

图 10-3 关键帧和过渡帧示例

2. 帧模式时间轴面板

帧模式时间轴面板主要用来制作动画,创建画布后,选择"窗口"→"时间轴"选项,可以打开"时间轴"面板,如图 10-4 所示。

理论微课 10-2：
帧模式时间轴
面板

图 10-4　"时间轴"面板

单击"创建视频时间轴"按钮 创建视频时间轴 右侧的按钮 ，在下拉列表中选择"创建帧动画"选项。会打开帧模式时间轴面板，如图 10-5 所示。

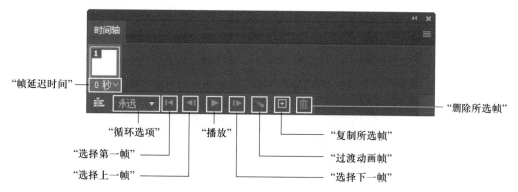

图 10-5　帧模式时间轴面板

在图 10-5 的帧模式时间轴面板中有"帧延迟时间"和一些工具按钮，各个工具按钮的说明如下。

（1）"帧延迟时间"

"帧延迟时间"用于设置每帧图像所停留的时间，单击该按钮，会弹出"帧延迟时间"下拉列表，如图 10-6 所示。

在如图 10-6 所示的"帧延迟时间"下拉列表中，包含多个时间选项。例如，设置"帧沿迟时间"为 0.1 秒，那么在播放动画时，该帧的图像就会停留 0.1 秒。

（2）"循环选项"

"循环选项"用于设置动画的播放次数，单击该按钮，会弹出"循环选项"下拉列表，如图 10-7 所示。

在如图 10-7 所示的"循环选项"下拉列表中，包括"一次""3 次""永远"和"其它"4 个选项。选择"其它"选项，会打开"设置循环次数"对话框，如图 10-8 所示。

在如图 10-8 所示的"设置循环次数"对话框中，输入数值即可自定义动画的循环次数。

（3）"选择第一帧"

制作动画时，为了方便快速找到第一帧，可以单击"选择第一帧"按钮 ，单击该按钮后，系统会自动选中第一个帧。

无延迟
0.1 秒
0.2
0.5
1.0
2.0
5.0
10.0
其它…
0.00 秒

图 10-6　"帧延迟
时间"下拉列表

图 10-7 "循环选项"下拉列表　　　　图 10-8 "设置循环次数"对话框

（4）"选择上一帧"

"选择上一帧"和"选择第一帧"按钮类似，单击"选择上一帧"按钮之后，可自动选择当前帧的前一帧。

（5）"播放"

单击"播放"按钮可以播放动画。在实际操作中，按空格键也可以播放动画。

（6）"选择下一帧"

单击"选择下一帧"按钮后，系统会自动选择当前帧的下一帧。

（7）"过渡动画帧"

"过渡动画帧"用于添加过渡帧，使动画更顺畅。单击"过渡动画帧"按钮后，会打开"过渡"对话框，如图 10-9 所示。

在如图 10-9 所示的"过渡"对话框中，可以设置过渡帧的位置和过渡帧的帧数。在"要添加的帧数"右侧的文本框中输入数值，单击"确定"按钮后，系统会在两个选中的关键帧之间添加与数值对应的过渡帧数量。

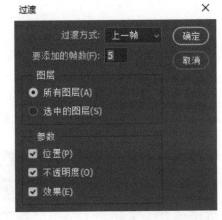

（8）"复制所选帧"

单击"复制所选帧"按钮，可以复制当前选中的帧，即在帧模式时间轴面板中添加一帧。

（9）"删除所选帧"

单击"删除所选帧"按钮可以删除当前选中的帧。

图 10-9 "过渡"对话框

■ 任务实现

根据任务分析思路，【任务 10-1】制作滑雪动画的具体实现步骤如下。

1. 搭建场景

Step01：新建一个 600 像素 ×900 像素的文档。

Step02：按 Ctrl+S 快捷键，以名称"【任务 10-1】滑雪动画. psd"保存文档。

Step03：打开素材"滑雪场背景图.jpg"，如图 10-10 所示。

图 10-10 素材"滑雪场背景图.jpg"

Step04：复制背景图层，得到"背景 拷贝"图层。

Step05：使用"多边形套索工具" ，绘制选区，选区示例如图 10-11 所示。

Step06：按 Ctrl+J 快捷键复制选区内容，得到"图层 1"。

Step07：将"图层 1"和"背景 拷贝"图层拖曳至"【任务 10-1】滑雪动画.psd"文档窗口中，并均转换为智能对象。

Step08：调整"图层 1"和"背景 拷贝"图层的大小和位置，两个图层的大小和位置示例如图 10-12 所示。

图 10-11 选区示例 10

图 10-12 两个图层的大小和位置示例

Step09：置入素材"溅起的雪花.png"，如图 10-13 所示（为了方便展示，将底色设置为黑色，实际为透明）。

Step10：调整"溅起的雪花"的大小和位置，将"溅起的雪花"图层放置在"图层 1"和"背景 拷贝"两个图层的中间。雪花的大小和位置示例如图 10-14 所示。

图 10-13 素材"溅起的雪花.png"

图 10-14 雪花的大小和位置示例

Step11：置入素材"滑雪运动员.png"，如图 10-15 所示。

Step12：将"滑雪运动员"图层放置在"溅起的雪花"图层下方，调整运动员的角度、大小，滑雪运动员示例如图 10-16 所示。

2. 制作动画

Step01：选择"窗口"→"时间轴"选项，打开"时间轴"面板，在"时间轴"面板中，单击"创建视频时间轴"按钮 创建视频时间轴 右侧的按钮 ，在弹出的下拉列表中选择"创建帧动画"选项，打开帧模式时间轴面板，如图 10-17 所示。

Step02：选中第 1 帧，在"图层"面板中，隐藏雪花所在图层。

Step03：单击帧模式时间轴面板中的"复制所选帧"按钮 ，复制帧。

图 10-15 素材"滑雪运动员.png"

图 10-16 滑雪运动员示例

Step04:选中 Step03 复制的帧,选中"图层 1"和"背景 拷贝"图层,按住 Shift 键的同时,多次按→键,将其向右移动 100 像素。

Step05:选中运动员所在的图层,移动运动员的位置和角度,运动员的位置和角度示例如图 10-18 所示。

图 10-17 帧模式时间轴面板

图 10-18 运动员的位置和角度示例

Step06:按照 Step03~Step05 的步骤,制作第 3 帧。第 3 帧画面效果示例如图 10-19 所示。

Step07:单击"复制所选帧"按钮,得到第 4 帧,在第 4 帧中,按照 Step03~Step05 的步骤调整画面外,还需要显示并调整雪花所在图层。第 4 帧画面示例如图 10-20 所示。

Step08:选择第 1 帧和第 2 帧,单击"过渡帧动画"按钮█,在弹出的"过渡"对话框中,设置"要添加的帧数"为 3。

Step09:按照 Step08 的方法,在第 5 帧和第 6 帧之间添加 5 帧,第 11 帧和第 12 帧之间添加 5 帧。

Step10:设置最后一帧的"帧延迟时间"为 0.2 秒。

Step11:按 Shift+Alt+Ctrl+S 快捷键,将文档保存为 GIF 格式。

图 10-19　第 3 帧画面效果示例　　　　　图 10-20　第 4 帧画面效果示例

至此,滑雪动画制作完成。

任务 10-2 批量制作艺术画效果

在日常生活中,经常会做一些重复性动作,如一次性把多张图片的分辨率缩小、在多张图像上添加水印、批量更改图像风格等。为了提高工作效率,通常会在 Photoshop 中将这些功能命令录制成"动作",然后通过执行动作中的命令,自动完成图像的处理。本任务将批量制作艺术画效果,通过本任务的学习,读者能够掌握在 Photoshop 中批量处理图像的方法。艺术画效果示例如图 10-21 所示。

实操微课 10-2:
任务 10-2 批量
制作艺术画效果

图 10-21　艺术画效果示例

■ 任务目标

知识目标	● 熟悉"动作"面板,能够简述"动作"面板中各个选项的功能 ● 了解指定回放速度功能,能够概括指定回放速度的作用
技能目标	● 掌握命令的编辑方法,能够完成命令的重录、修改、删除等操作 ● 掌握在 Photoshop 中批量处理的方法,能够批量处理图像

■ 任务分析

本任务主要是批量制作艺术画效果,可以按照以下思路完成本任务。

1. 录制动作

该部分主要工作是录制制作艺术画的动作,实现步骤如下。

(1)在"动作"面板中新建动作组和动作,并开始记录。

(2)打开需要处理的图像中的任意一张图像。

(3)复制背景图层,对复制图层进行反相。

(4)更改复制图像的图层混合模式。

(5)应用"高斯模糊"滤镜。

(6)保存图像并关闭文档。

(7)停止录制动作。

2. 批处理

该部分主要是通过"批处理"对话框,对文件夹中的图像进行批量处理。在"批处理"对话框中需要选择动作、将要处理的图像所在的文件夹,以及处理后图像的保存位置。在批量处理时,有以下 3 个注意事项。

(1)提前备份好文件,以保护原文件。

(2)提前设置图像处理后的存储位置。

(3)在"批处理"对话框中设置选项时,需要注意对"覆盖动作中的'存储为'命令"选项的设置。

■ 知识储备

1. "动作"面板

在 Photoshop 中,"动作"面板包含了非常重要的一个功能——"动作"。"动作"可以详细记录处理图像的大多数操作,并应用到其他图像中。选择"窗口"→"动作"选项(或按 Alt+F9 快捷键)可以打开"动作"面板,如图 10-22 所示。

理论微课 10-3:
动作面板

在如图 10-22 所示的"动作"面板中,包括动作组、动作、命令、按钮以及一些选项。其中动作组是一系列动作的集合,动作是一系列命令的集合,命令是在 Photoshop 中的每一步操作。在"动作"面板中,可以对动作进行录制、播放、修改和删除等操作,以下介绍"动作"面板中的各个选项、按钮。

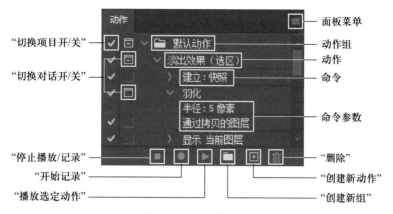

图 10-22　"动作"面板

（1）面板菜单

面板菜单中包含了 Photoshop 预设的一些动作和一些操作，单击"面板菜单"按钮▤，会弹出面板菜单，如图 10-23 所示。

观察如图 10-23 所示的面板菜单，可以发现，在面板菜单中不仅包括"新建动作""开始记录""载入动作"等操作选项，还包括"画框""流星"等动作选项，选择一个动作可以将动作载入到动作面板中。例如，选择"流星"选项，动作面板中即可出现"流星"动作。

（2）"切换项目开 / 关"

"切换项目开 / 关"用于切换动作的执行状态。动作组中可能会包含多个动作，若想执行动作组中指定的动作，可以设置动作组中动作的执行状态。"切换项目开 / 关"主要包括选中和未选中两种状态。当选中时，动作或命令最左侧会显示☑，代表该动作或命令可以被执行；未选中时，动作或命令最左侧不显示☑，代表该动作或命令不被执行。

需要注意的是，当有些命令最左侧不显示☑，动作最左侧的对钩会变成红色☑，这个红色的对钩代表动作中的命令没有被全部选中，即部分命令会不被执行，若想该动作内所有命令都不被执行，在动作最左侧隐藏☑即可。

（3）"切换对话开 / 关"

"切换对话开 / 关"主要用于设置命令的暂停。在播放动作时，有些操作需要手动进行设置，这时，需要将命令设置为暂停，然后手动设置参数。同"切换项目开 / 关"类似，"切换对话开 / 关"也包括选中和未选中两种状态，当选中时，命令的左侧会显示▤，代表系统在执行到该命令时，会自动暂停，进行相应的设置后，系统会自动向下播放动作中的其他命令。

需要注意的是，当在动作前显示▤，代表执行该动作中的每个命令时都会暂停（不能设置暂停的命令除外）；若在部分命令前显示▤，则动作和动作组前方的"切换对话开 / 关"选项会变成"▤"，简单地说，即在动作组或动作前出现选项"▤"，表示动作组或动作里的部分命令会被暂停。但是在 Photoshop 中，默认不可编辑的命令前不能设置暂停。

若需要在 Photoshop 中默认为不可编辑的命令设置暂停（如设置选区、

图 10-23　面板菜单

画笔绘制等),可以利用插入停止的方法,设置暂停,具体方法如下。

　　①选中需要暂停的上一个命令。

　　②在面板菜单中选择"插入停止"选项,会打开如图 10-24 所示的"记录停止"对话框。

图 10-24 "记录停止"对话框

　　③在打开的"记录停止"对话框中插入相关信息,信息示例如图 10-25 所示。

　　单击图 10-24 中的"确定"按钮,成功插入停止,当执行到被插入停止的命令处时,会打开"信息"对话框,显示提示信息。"信息"对话框如图 10-26 所示。

| 图 10-25 信息示例 | 图 10-26 "信息"对话框 |

　　(4)"停止播放 / 记录"

　　在录制动作时,单击"停止播放 / 记录"按钮■可以停止记录动作;在播放动作时,单击"停止播放 / 记录"按钮可以停止播放动作。

　　(5)"开始记录"

　　一切准备就绪后,单击"开始记录"按钮●正式开始录制动作,此时"开始录制"按钮会变为红色●。需要注意的是,单击该按钮后,所使用的工具和执行的命令均会被添加到动作中,直到停止记录。

　　(6)"播放选定动作"

　　选中动作,单击"播放选定动作"按钮▶,可以执行该动作中的命令。

　　(7)"删除"

　　单击"删除"按钮■,可以删除选中的动作组、动作和命令。

　　(8)"创建新组"

　　"创建新组"用于创建动作组。单击"创建新组"按钮■,会打开"新建组"对话框,如图 10-27 所示。

　　在如图 10-27 所示的"新建组"对话框中,可以设置动作组的名称。设置好动作组的名称后,单

击"确定"按钮,完成动作组的创建。

（9）"创建新动作"

"创建新动作"用于创建动作。单击"创建新动作"按钮，会打开"新建动作"对话框,如图 10-28 所示。

图 10-27　"新建组"对话框 2

图 10-28　"新建动作"对话框

在如图 10-28 所示的"新建动作"对话框中,单击"记录"按钮完成动作的创建,并开始记录动作。值得注意的是,在新建动作时,若"动作"面板中存在动作组,则可以在"新建动作"对话框的"组"中选择动作组;若没有动作组,则创建动作时系统会自动创建动作组。

注意:

　　当有命令出现错误或者缺少步骤,从而导致计算机执行不了动作时,会弹出该命令不可执行的提示对话框,选择继续执行命令后,得到的结果会缺少该命令的相关操作。

---

2. 命令的编辑

将动作录制完成后,可以对动作中的命令进行编辑。编辑的方法有两种,以下介绍命令的编辑方法。

（1）重新录制法

当发现动作中存在不可更改的错误命令,可以将错误命令删除,再单击"开始录制"按钮重新进行录制。

理论微课 10-4:
命令的编辑

（2）调整命令法

当动作中存在可修改、可调整的命令时,可以对动作中的命令进行编辑。例如,修改、重排、复制。命令的编辑方法具体如下。

① 修改命令:双击命令,可以打开相应的对话框,在对话框中设置参数即可。例如,调整动作中的"色相 / 饱和度"命令,双击该命令即可打开"色相 / 饱和度"对话框,在"色相 / 饱和度"对话框中更改命令参数即可。

② 重排命令:重排命令和重排图层的方法类似,选中命令,单击并拖曳命令至目标位置,当鼠标指针变为时,释放鼠标即可完成命令的重排,重排命令实例如图 10-29 所示。

③ 复制命令:按住 Alt 键,拖曳命令则可以复制该命令。

图 10-29　重排动作

注意:

只有在 Photoshop 中默认为可编辑的命令才能进行修改。

---

3. 指定回放速度

计算机在播放动作时,播放速度会非常快,若想观察每一步操作后的效果,则需要指定回放速度。单击"动作"面板的"面板菜单"按钮,在弹出的面板菜单中选择"回放选项"选项,打开"回放选项"对话框,如图 10-30 所示。

理论微课 10-5:
指定回放速度

在如图 10-30 所示的"回放选项"对话框中,包括"加速""逐步"和"暂停"3 个选项,不同选项所对应的回放速度不同,具体说明如下。

(1)"加速":该选项为默认选项,表示快速播放动作。

(2)"逐步":选中该选项,表示系统在播放动作时,会显示每个命令的处理结果,然后再继续下一个命令,动作的播放速度较慢。

(3)"暂停":选中该选项,并在"暂停"右侧的输入框内设置时间,可以指定播放动作时各个命令的间隔时间。

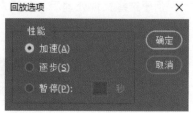

图 10-30 "回放选项"对话框

4. 批处理

"批处理"是指批量处理,主要是将录制好的动作应用于目标文件夹内的所有图像。利用"批处理"选项,可以更快速地完成大量的重复性动作,从而提升效率。选择"文件"→"自动"→"批处理"选项,会打开"批处理"对话框,如图 10-31 所示。

理论微课 10-6:
批处理

图 10-31 "批处理"对话框

在如图 10-31 所示的"批处理"对话框中,包括"播放""源"和"目标"3 个常用选项,具体说明如下。

(1)"播放"

用于选择播放的动作组和动作,单击右侧的 ✓ 图标,在弹出的下拉菜单中选择动作组和动作即可。

（2）"源"

用于指定要处理的文件或文件夹，单击右侧的  图标，会弹出"源"下拉列表，如图 10-32 所示。

在如图 10-32 所示的"源"下拉列表中，包含了"文件夹""导入""打开的文件"和"Bridge"4 个选项。在实际操作中，通常选择"文件夹"选项。当选择"文件夹"选项时，单击下方的"选择"按钮 [选择(C)...]，在打开的"选取批处理文件夹"的对话框中选择文件夹即可。

（3）"目标"

用于选择文件处理后的存储方式，单击右侧的  图标，会弹出"目标"下拉列表，如图 10-33 所示。

图 10-32　"源"下拉列表　　　　图 10-33　"目标"下拉列表

在如图 10-33 所示的"目标"下拉列表中包括"无""存储并关闭"和"文件夹"3 个选项，具体说明如下。

① "无"：表示不存储文件，文档窗口不关闭。当在图像较多的情况下，不推荐选择该选项。

② "存储并关闭"：表示将处理后的图像保存在原文件夹中，覆盖原文件，并关闭文档窗口。

③ "文件夹"：表示将处理后的图像保存至指定文件夹。

值得注意的是，当选择"存储并关闭"和"文件夹"这两个选项中的任意一个选项时，若动作中包含"存储为"命令，则需要在"目标"下方选中"覆盖动作中的'存储为'命令"复选框。这样在播放动作时，动作中的"存储为"命令就会引用批处理文件的存储位置，而不是在动作中指定的位置。

在批处理的过程中，虽然支持暂停命令的执行以方便手动操作，却不支持"插入停止"命令的执行。当执行"插入停止"的命令时，系统会弹出如图 10-34 所示的提示框。

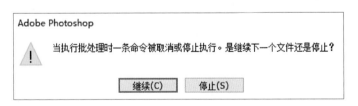

图 10-34　批处理提示框

在如图 10-34 所示的提示框中，包括"继续"和"停止"两个按钮，单击"继续"按钮，表示系统会继续处理下一个图像，而当前处理的图像不能继续被处理；单击"停止"按钮，系统会停止对下一张图像的处理，而继续当前图像的处理。

注意：

在进行批处理之前，为了避免毁坏原文件，可以提前创建两个文件夹，一个文件夹作为原文件的备份文件夹，另一个文件夹作为图像处理后的存储位置。

多学一招　导出和载入动作

若想将录制好的动作应用到其他计算机上,可以将录制好的动作导出和载入。以下介绍导出和载入的方法。

(1)导出

在"动作"面板中,选中想要导出的动作组,单击"动作"面板菜单中的"存储动作"选项,打开"另存为"对话框,如图10-35所示。

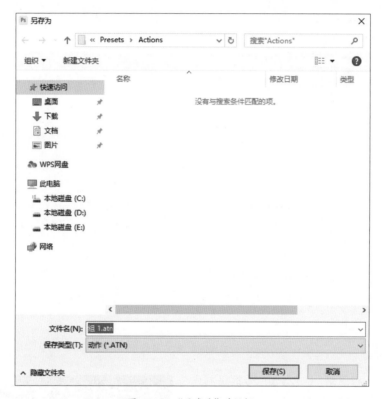

图 10-35　"另存为"对话框

在如图10-35所示的"另存为"对话框中选择指定位置,单击"保存"按钮即可完成动作的导出。导出后的动作是一个扩展名为atn的文件,如图10-36所示。

图 10-36　扩展名为atn文件

(2)载入

在"动作"面板菜单中选择"载入动作"选项,打开"载入"对话框,如图10-37所示。

图 10-37　"载入"对话框

在"载入"对话框中选择对应的动作,单击"载入"按钮即可将外部动作载入到"动作"面板中。

■ 任务实现

根据任务分析思路,【任务 10-2】批量制作艺术画效果的具体实现步骤如下。

1. 录制动作

Step01:打开素材"01.jpg",如图 10-38 所示。

Step02:选择"窗口"→"动作"选项(或按 Alt+F9 快捷键),打开"动作"面板。

Step03:单击"动作"面板中的"创建新组"按钮▢,在打开的"新建组"对话框中为组命名为"制作手绘效果"。"新建组"对话框如图 10-39 所示。

图 10-38　素材"01.jpg"

Step04:单击"创建新动作"按钮▢,在打开的"新建动作"对话框中将动作命名为"速写"。"新建动作"对话框如图 10-40 所示。

Step05:单击图 10-40 中的"记录"按钮,开始记录动作。

Step06:按 Shift+Ctrl+U 快捷键,为图像去色,去色效果如图 10-41 所示。

Step07:复制背景图层,得到"图层 1",按 Ctrl+I 快捷键进行反相,反相效果如图 10-42 所示。

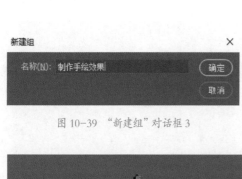

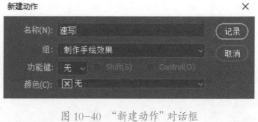

图 10-39　"新建组"对话框 3　　　　　　　图 10-40　"新建动作"对话框

图 10-41　去色效果　　　　　　　　　　图 10-42　反相效果

Step08：设置"图层 1"图层的图层混合模式为"颜色减淡"，设置图层混合模式后，画面会变成纯色，纯色效果如图 10-43 所示。

Step09：选择"滤镜"→"模糊"→"高斯模糊"选项，在打开的"高斯模糊"对话框中设置"半径"为 2 像素，高斯模糊后的效果如图 10-44 所示。

图 10-43　纯色效果　　　　　　　　　　图 10-44　高斯模糊后的效果

Step10：按 Shift+Ctrl+S 快捷键，将其以 JPG 格式保存至指定文件夹，并关闭该文档（不保存文档）。

Step11：单击"动作"面板中的"停止播放 / 记录"按钮□，动作录制完毕。

2. 批处理

Step01：选择"文件"→"自动"→"批处理"选项，在打开的"批处理"对话框中选择"组"和"动作"后，选择需要进行批处理的文件夹，"批处理"对话框如图 10-45 所示。

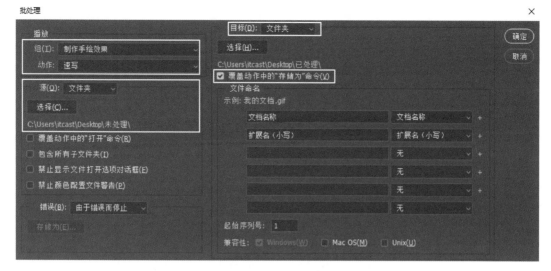

图 10-45 "批处理"对话框

Step02：单击图 10-45 中的"确定"按钮，完成对文件夹中所有图像的处理。处理前和处理后的图像效果示例分别如图 10-46 和图 10-47 所示。

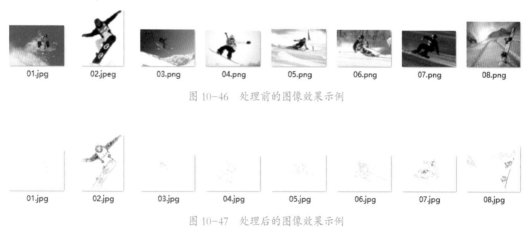

图 10-46 处理前的图像效果示例

图 10-47 处理后的图像效果示例

至此，批量制作艺术画效果完成。

项目总结

项目 10 包括两个任务，其中【任务 10-1】的目的是让读者能够了解什么是帧，并掌握帧模式时间轴面板中各个选项的功能，完成此任务，读者能够制作滑雪动画。【任务 10-2】的目的是让读者熟悉"动作"面板，了解指定回放速度的作用，并掌握命令的编辑方法，以及批量处理图像的方法，完成此任务，读者能够批量制作艺术画效果。

同步训练:制作小树成长记动画

学习完前面的内容,接下来请根据要求完成作业。

要求:请结合前面所学知识,根据提供的素材,制作小树成长记动画。小树成长记动画部分截图效果如图 10-48 所示。

图 10-48　小树成长记动画部分截图效果

项目 11

综合项目实战
——国潮旗舰店首页制作

- ◆ 熟悉项目前的准备工作，能够策划项目并准备素材。
- ◆ 掌握制作网站首页的方法，完成国潮旗舰店首页的制作。

　　随着人们对传统文化自信的增强，对"中国风"产品需求日益旺盛，国潮逐渐绽放异彩，各行各业的国潮新品牌迅速崛起，吸引了大量品牌进入，众多传统品牌加速拥抱潮流新趋势。国潮旗舰店运营总监王总想将店铺做改版升级，将店铺风格改为传统的中国风，且以即将到来的端午节为主题。本项目以网站首页为例，完成店铺的改版、升级。国潮旗舰店首页效果如图 11-1 所示。

PPT: 项目 11　综合项目实战——
国潮旗舰店首页制作

教学设计: 项目 11　综合项目实战——
国潮旗舰店首页制作

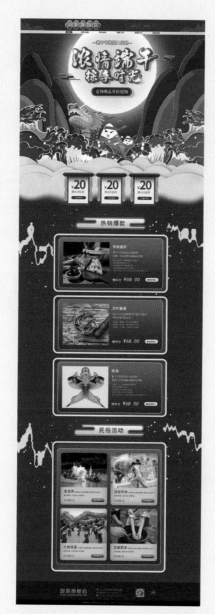

图 11-1　国潮旗舰店首页效果

在项目实施前,需要做好充分准备,而不是盲目地直接着手进行设计。通常需要了解网页的相关知识,如网页的结构、字体编排等;在熟悉了网页的相关知识后,需要策划项目,使项目有一个大致思路,为后续项目实施奠定基础;策划好项目后,需要准备项目所需要的素材,完成准备工作之后才能开始着手实施。以下介绍项目的准备工作。

理论微课 11:
项目准备

1. 熟悉网页知识

(1) 了解网页的结构

虽然网页的表现形式千变万化,但大部分网页的基本结构都是相同的,通常会包含引导栏、header、导航、banner、内容区、版权信息等多个模块,网页的结构示例如图 11-2 所示。

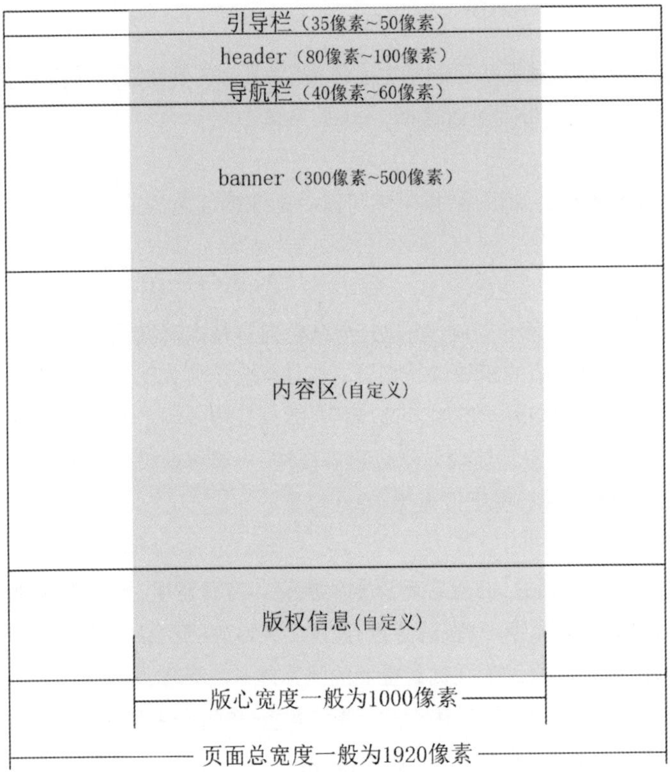

引导栏(35像素~50像素)
header(80像素~100像素)
导航栏(40像素~60像素)
banner(300像素~500像素)
内容区(自定义)
版权信息(自定义)
——版心宽度一般为1000像素——
——页面总宽度一般为1920像素——

图 11-2 网页的结构示例

在如图 11-2 所示的网页的结构示例中,不同模块的宽度一致,高度却不一致,图 11-2 中列举了不同模块常见的高度范围,在实际设计时,不同模块的高度可以根据美观度自行定义。

(2) 了解网页设计中的字体编排

在网页中,字体编排设计是一种感性的、直观的行为。设计师可根据字体和字号表达设计所要表达的情感。例如,宋体的笔画粗细不一致,起笔和落笔均有装饰,可以带给人端庄的感觉,且亲和力较强;而黑体的笔画粗细一致,可以带给人浑厚有力、简洁明快的感觉。宋体和黑体示例分别如图 11-3 和图 11-4 所示。

知
行
合
一

知
行
合
一

图 11-3　宋体示例 　　　　　　　图 11-4　黑体示例

另外,考虑到大多数用户计算机里的基本字体类型,正文内容建议采用基本字体,如"宋体""微软雅黑""黑体"等,数字和字母则可以选择"Arial"字体。

2. 策划项目

在了解了网页设计的相关知识后,接下来可以对国潮旗舰店的首页设计进行策划,可以从结构和颜色两方面进行策划。

（1）结构

在策划结构时,可以多参考一些同类网站,再结合自身特点对结构进行划分。为了便于读者观察,此处直接将国潮旗舰店首页的模块进行切分。模块切分示例如图 11-5 所示。

在如图 11-5 所示的模块切分示例中,可以看到,本项目中策划了导航模块、banner 模块、内容区模块和版权信息模块,其中内容区模块包括优惠券模块、热销爆款模块和民俗活动模块。并且将首页总宽度设置为 1920 像素,版心宽度设置为 1000 像素。

（2）颜色

颜色与人类的生活息息相关,它蕴含着深刻的意义。在日常生活中,不同的颜色给人的感觉会有很大差异。例如,橙色给人激情、兴奋的感觉;蓝色给人冷静、沉稳的感觉。

在网页设计中,颜色是影响人眼视觉最重要的因素之一。而且,不同的文化历史背景、颜色所蕴含的文化意义也会有所不同。红色是中国的重要代表色,自古以来都有"中国红"的说法。中国红记载着中国人的心路历程,经过世代承启、沉淀、深化和扬弃,逐渐演变为中国文化的底色。中国红也弥漫着积极入世情结,象征着热忱、奋进、团结的民族品格,因此采用红色作为主色调,最能体现中国风。

3. 准备项目素材

客户要求国潮旗舰店首页的风格为中国风,且以端午节为主题,因此在选取素材时,除了客户提供的一些图像素材外,还应发散思维,联想与中国风和端午节相关的元素,如祥云、龙舟、粽子、屈原等。客户提供的素材和项目选取的素材示例如图 11-6 和图 11-7 所示。

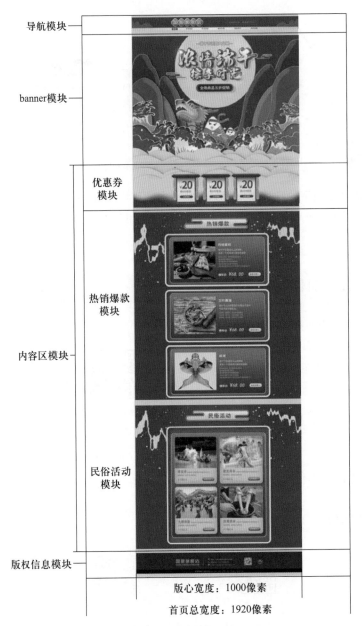

图 11-5 模块切分示例

图 11-6 客户提供的素材示例

桨.png   龙舟.png   水花.png   装饰.png

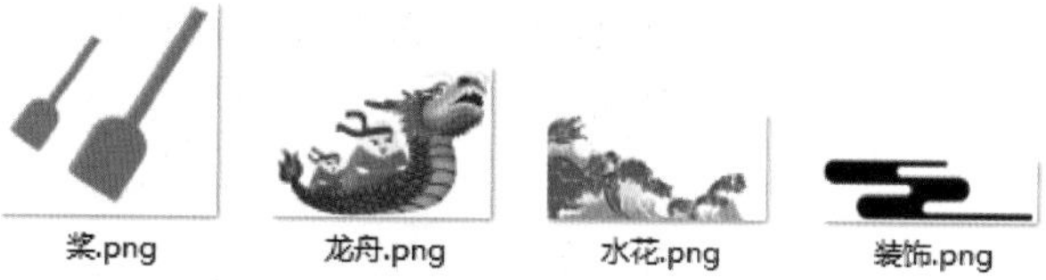

图 11-7 项目选取的素材示例

项目实施

接下来按照从上到下的顺序制作网站首页。本项目将按照导航、banner、优惠券、热销爆款、民俗活动和版权信息 6 个模块,完成项目的制作,限于本书篇幅,相关内容以数字资源的形式进行呈现。

任务 11-1   制作导航模块

本任务数字资源如下:

操作文本
任务 11-1

实操微课 11-1:
任务 11-1 导航模块

任务 11-2   制作 banner 模块

本任务数字资源如下:

操作文本
任务 11-2

实操微课 11-2:
任务 11-2 banner 模块

任务 11-3   制作优惠券模块

本任务数字资源如下:

操作文本
任务 11-3

实操微课 11-3:
任务 11-3 优惠券模块

任务 11-4   制作热销爆款模块

本任务数字资源如下:

操作文本
任务 11-4

实操微课 11-4:
任务 11-4   热销爆款模块

任务 11-5   制作民俗活动模块

本任务数字资源如下:

操作文本
任务 11-5

实操微课 11-5:
任务 11-5   民俗活动模块

任务 11-6   制作版权信息模块

本任务数字资源如下:

操作文本
任务 11-6

实操微课 11-6:
任务 11-6   版权信息模块

项目总结

项目 11 是一个实战项目,将国潮旗舰店首页分为 6 个模块进行制作,完成本项目后,能够提升读者对图层、选区、形状、图层样式、图层混合模式、文字、滤镜等内容的理解及掌握程度。

同步训练:制作中国风电商网站首页

学习完前面的内容,接下来请根据要求完成作业。

要求:请结合前面所学知识,自拟题目,按照项目制作流程,使用 Photoshop 制作一个中国风电商网站首页。

郑重声明

高等教育出版社依法对本书享有专有出版权。任何未经许可的复制、销售行为均违反《中华人民共和国著作权法》，其行为人将承担相应的民事责任和行政责任；构成犯罪的，将被依法追究刑事责任。为了维护市场秩序，保护读者的合法权益，避免读者误用盗版书造成不良后果，我社将配合行政执法部门和司法机关对违法犯罪的单位和个人进行严厉打击。社会各界人士如发现上述侵权行为，希望及时举报，我社将奖励举报有功人员。

反盗版举报电话 （010）58581999　58582371

反盗版举报邮箱　dd@hep.com.cn

通信地址　北京市西城区德外大街4号　高等教育出版社法律事务部

邮政编码　100120

读者意见反馈

为收集对教材的意见建议，进一步完善教材编写并做好服务工作，读者可将对本教材的意见建议通过如下渠道反馈至我社。

咨询电话　400-810-0598

反馈邮箱　gjdzfwb@pub.hep.cn

通信地址　北京市朝阳区惠新东街4号富盛大厦1座
　　　　　高等教育出版社总编辑办公室

邮政编码　100029

目录 >>>

的位图图像。

- 项目 3 介绍了钢笔工具和形状工具的相关知识,通过本项目,读者能够利用钢笔工具和形状工具绘制各种样式的矢量图形。
- 项目 4 介绍了图层样式和图层的混合模式相关知识,通过本项目,读者能够为图层添加样式效果,并且能够使图层之间自然融合。
- 项目 5 介绍了文字的相关知识,通过本项目,读者能够在 Photoshop 中自由输入文字,并且能够将文字进行转换。
- 项目 6 介绍了调色的相关知识,通过本项目,读者能够运用多个调色选项对图像进行调色,进而使图像融合。
- 项目 7 介绍了修饰工具的相关知识,通过本项目,读者能够去除图像中的瑕疵、复制图像中的内容,以美化图像。
- 项目 8 介绍了蒙版的相关知识,通过本项目,读者能够在不破坏图像的前提下,对图像中的局部进行处理。
- 项目 9 介绍了滤镜的相关知识,通过本项目,读者能够使用多种滤镜制作出各种特殊效果。
- 项目 10 介绍了制作动画和批处理的方法,通过本项目,读者能够在 Photoshop 中制作动画,并批量处理图像。
- 项目 11 为实训项目,结合前面学习的知识,带领读者设计一个真实的项目。

本书按节细化知识点,用任务带动读者对知识点进行学习,真正做到在练中学,在学中练,只有这样,才能够彻底掌握软件的操作方法。在学习这些项目时,读者需要多上机实践,认真体会各种工具的操作技巧。

在学习过程中,读者一定要亲自动手实践书中的任务。如果不能完全理解书中所讲知识,读者可以通过本书配套的微课视频进行深入学习。学习完一个知识点后,要及时进行练习,以巩固所学内容。如果在实践的过程中遇到一些难以实现的效果,读者也可以参阅相应的案例源文件,查看图层文件并仔细阅读教材的相关步骤。教师在使用本书时,可以结合教学设计、采用任务式的教学模式,通过不同类型的任务,提升学生软件操作的熟练程度和对知识点的掌握和理解。

致谢

本书的编写和整理工作由江苏传智播客教育科技股份有限公司旗下 IT 教育品牌黑马程序员团队完成,主要参与人员有王哲、孟方思等,全体团队成员在本书编写过程中付出了很多辛勤的汗水,在此一并表示衷心的感谢。

意见反馈

尽管编写团队付出了最大的努力,书中难免会有疏漏和不妥之处,欢迎各界专家和广大读者朋友们提出宝贵意见,我们将不胜感激。在阅读本书时,如发现任何问题或有疑虑之处可以发送电子邮件至 itcast_book@vip.sina.com。再次感谢广大读者对我们的深切厚爱与大力支持!

黑马程序员

2023 年 1 月

前言 >>>

Photoshop 是一款优秀的图形图像处理软件,广泛应用于平面设计、网页设计、数码后期制作等诸多领域,不论是对于设计人员还是图像处理爱好者来说,Photoshop 都是不可或缺的工具,具有广阔的发展空间。本书以图层、选区、形状、文字、调色等知识为学习路径,使读者快速掌握 Photoshop 的操作方法和技巧。

为什么要学习本书

本书摒弃了传统 Photoshop 图书讲菜单、工具的教学方式,采用了理论联系实际的"项目引导、任务驱动"的编写方式,通过任务教学,将基础知识点、工具的操作技巧融入任务中,使读者在实现任务的同时,掌握 Photoshop 基础工具的操作方法,真正做到寓学于乐。

在本书的编写过程中,结合党的二十大精神进教材、进课堂、进头脑的要求,在给每个项目设计任务时,优先考虑选用目前紧跟时代发展的相关主题,包括"中国梦"排版设计、京剧宣传海报、环保 APP 引导页、星际穿越效果、太空球体效果、滑雪动画、国潮旗舰店首页等,让读者在学习新兴技术的同时了解我国历史文化的传承,以及我国在科技、民生等方面的发展成果,从而提升民族自豪感,引导读者树立正确的世界观、人生观和价值观,进一步提升职业素养,落实德才兼备的高素质卓越工程师和高技能人才的培养要求。此外,编者依据书中的内容提供了线上学习的视频资源,体现现代信息技术与教育教学的深度融合,进一步推动教育数字化发展。

为确保内容通俗易懂,在本书编写的过程中,我们让 600 多名初学者参与到本书的试读中,对初学者反馈的难懂地方均做了修改和优化,使本书更具有实用价值。

如何使用本书

本书采用 Photoshop 2021 版本,共分 11 个项目,结合不同领域的设计应用知识和 Photoshop 2021 的基本工具和操作,提供了 28 个任务以及 1 个实战项目,具体介绍如下。

- 项目 1 介绍了图像处理的基础知识、Photoshop 2021 的工作界面和基本操作等知识,通过本项目,读者能够对 Photoshop 有个初步的体验,并掌握 Photoshop 的基础操作,为后续学习奠定基础。

- 项目 2 介绍了图层和选区的相关知识,通过本项目,读者能够利用图层和选区绘制内容丰富

内容提要

本书是高等职业教育计算机类专业基础课黑马程序员系列教材之一。

本书以 Photoshop 2021 版本为平台，从初学者的角度，以项目导向、任务驱动的编写方式，采用通俗易懂的语言详细介绍了在 Photoshop 中绘制、处理图形图像的技巧。本书共分为 11 个项目，项目 1 讲解了 Photoshop 的基础知识，包括位图和矢量图、像素、分辨率、常用的文档格式、图像的颜色、Photoshop 的应用领域、Photoshop 的工作界面、Photoshop 的个性化设置，以及 Photoshop 的基础操作。项目 2~10 讲解了图层和选区、路径和形状、图层样式和图层的混合模式、文字、调色选项、修饰工具、蒙版、滤镜、动画和批处理，它们是学习 Photoshop 的核心内容。项目 11 为项目实战，结合前面所学的知识，带领读者制作一个电商网站的首页。

本书配有数字课程、微课视频、授课用 PPT、教学大纲、教学设计和习题等丰富的数字化教学资源，读者可发邮件至编辑邮箱 1548103297@qq.com 获取。此外，为帮助学习者更好地学习掌握本书中的内容，黑马程序员还提供了免费在线答疑服务。本书配套数字化教学资源明细及在线答疑服务使用方式说明详见封面二维码。

本书可作为高等职业院校及应用型本科院校计算机相关专业的平面设计课程的教材，也可作为 Photoshop 各类培训班的教材，同时对于从事网页制作、广告宣传多媒体制作、三维动画辅助制作等行业人员，本书也是一本很实用的参考书。

图书在版编目（ＣＩＰ）数据

Photoshop 2021任务驱动教程 / 黑马程序员主编
. -- 北京 ： 高等教育出版社，2023.8
ISBN 978-7-04-059405-8

Ⅰ．①P… Ⅱ．①黑… Ⅲ．①图像处理软件-教材
Ⅳ．①TP391.413

中国版本图书馆CIP数据核字(2022)第165157号

Photoshop 2021 Renwu Qudong Jiaocheng

策划编辑　吴鸣飞	责任编辑　吴鸣飞	封面设计　张　志	版式设计　于　婕
责任绘图　于　博	责任校对　陈　杨	责任印制　耿　轩	

出版发行	高等教育出版社	网　　址　http://www.hep.edu.cn
社　　址	北京市西城区德外大街 4 号	http://www.hep.com.cn
邮政编码	100120	网上订购　http://www.hepmall.com.cn
印　　刷	鸿博昊天科技有限公司	http://www.hepmall.com
开　　本	787 mm×1092 mm　1/16	http://www.hepmall.cn
印　　张	19.25	
字　　数	410 千字	版　次　2023 年 8 月第 1 版
购书热线	010-58581118	印　次　2023 年 8 月第 1 次印刷
咨询电话	400-810-0598	定　价　59.50 元

计算机类专业基础课
黑马程序员系列教材

黑马程序员

Photoshop
2021
任务驱动教程

◄◄◄

黑马程序员　主编

中国教育出版传媒集团
高等教育出版社·北京